物理入門コース［新装版］ ｜ 熱・統計力学

物理入門コース［新装版］
An Introductory Course of Physics

THERMODYNAMICS AND STATISTICAL MECHANICS

熱・統計力学

戸田盛和 著

岩波書店

物理入門コースについて

理工系の学生諸君にとって物理学は欠くことのできない基礎科目の1つである．諸君が理学系あるいは工学系のどんな専門へ将来進むにしても，その基礎は必ず物理学と深くかかわりあっているからである．専門の学習が忙しくなってからこのことに気づき，改めて物理学を自習しようと思っても，満足のゆく理解はなかなかえられないものである．やはり大学1~2年のうちに物理学の基本をしっかり身につけておく必要がある．

その場合，第一に大切なのは，諸君の積極的な学習意欲である．しかしまた物理学の基本とは何であるか，それをどんな方法で習得すればよいかを諸君に教えてくれる良いガイドが必要なことも明らかである．この「物理入門コース」は，まさにそのようなガイドの役を果すべく企画・編集されたものであって，在来のテキストとはそうとう異なる編集方針がとられている．

物理学に関する重要な学科目のなかで，力学と電磁気学はすべての土台になるものであるため，多くの大学で早い時期に履修されている．しかし，たとえば流体力学は選択的に学ばれることが多いであろうし，学生諸君が自主的に学ぶのもよいと思われる．また，量子力学や相対性理論も大学2年程度の学力で読むことができるしっかりした参考書が望まれている．

編者はこのような観点から物理学の基本的な科目をえらんで，「物理入門コース」を編纂した．このコースは『力学』，『解析力学』，『電磁気学 I, II』，『量子力学 I, II』，『熱・統計力学』，『弾性体と流体』，『相対性理論』および『物理のための数学』の 8 科目全 10 巻で構成されている．このすべてが大学の 1, 2 年の教科目に入っているわけではないが，各科目はそれぞれ独立に勉強でき，大学 1 年あるいは 2 年程度の学力で読めるようにかかれている．

物理学のテキストには多数の公式や事実がならんでいることが多く，学生諸君は期末試験の直前にそれを丸暗記しようとするのが普通ではないだろうか．しかし，これでは物理学の基本を身につけるどころか，むしろ物理嫌いになるのが当然というべきである．このシリーズの読者にとっていちばん大切なことは，公式や事実の暗記ではなくて，ものごとの本筋をとらえる能力の習得であると私たちは考えているのである．

物理学は，ものごとのもとには少数の基本的な事実があり，それらが従う少数の基本的な法則があるにちがいないと考えて，これを求めてきた．こうして明らかにされた基本的な事実や法則は，ぜひとも諸君に理解してもらう必要がある．このような基礎的な理解のうえに立って，ものごとの本筋を諸君みずからの努力でたぐってゆくのが「物理的に考える」という言葉の意味である．

物理学にかぎらず科学のどの分野も，ものごとの本筋を求めているにはちがいないけれども，物理学は比較的に早くから発展し，基礎的な部分が煮つめられてきたので，1 つのモデル・ケースと見なすことができる．したがって，「物理的に考える」能力を習得することは，将来物理学を専攻しようとする諸君にとってばかりでなく，他の分野へ進む諸君にとっても大きなプラスになるわけである．

物理学の基礎的な概念には，時間，空間，力，圧力，熱，温度，光などのように，日常生活で何気なく使っているものが少なくない．日常わかったつもりで使っているこれらの概念にも，物理学は改めてややこしい定義をあたえ基本的な法則との関係をつける．このわずらわしさが，学生諸君を物理嫌いにするもう 1 つの原因であろう．しかし，基本的な事実と法則にもとづいてものごとの本筋をとらえようとするなら，たとえ日常的・感覚的にはわかりきったことであっても，いちいちその実験的根拠を明らかにし，基本法則との関係を問い直すことが必要である．まして私たちの日常体験を超えた世界——たとえば原子内部——を扱う場合には，常識や直観と一見矛盾するような新しい概念さえ必要になる．物理学は実験と観測によって私たちの経験的世界をたえず拡大してゆくから，これにあわせてむしろ常識や直観の方を改変することが必要なのである．

このように，ものごとを「物理的に考える」ことは，けっして安易な作業ではないが，しかし，正しい方法をもってすれば習得が可能なのである．本コースの執筆者の先生方には，とり上げる素材をできるだけしぼり，とり上げた内容はできるだけ入りやすく，わかりやすく叙述するようにお願いした．読者諸君は著者と一緒になってものごとの本筋を追っていただきたい．そのことを通じておのずから「物理的に考える」能力を習得できるはずである．各巻は比較的に小冊子であるが，他の本を参照することなく読めるように書かれていて，

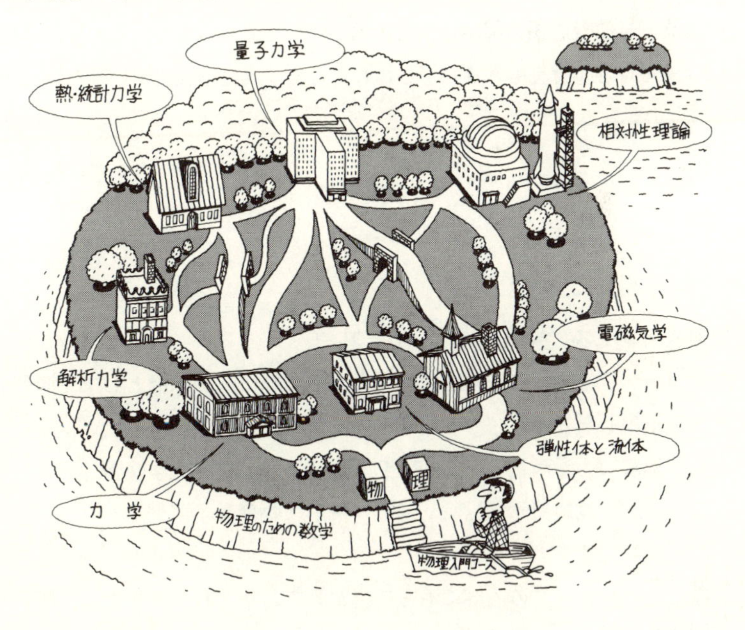

決して単なる物理学のダイジェストではない．ぜひ熟読してほしい．

すでに述べたように，各科目は一応独立に読めるように配慮してあるから，必要に応じてどれから読んでもよい．しかし，一応の道しるべとして，相互関係をイラストの形で示しておく．

絵の手前から奥へ進む太い道は，一応オーソドックスとおもわれる進路を示している．細い道は関連する巻として併読するとよいことを意味する．たとえば，『弾性体と流体』は弾性体力学と流体力学を現代風にまとめた巻であるが，『電磁気学』における場の概念と関連があり，場の古典論として『相対性理論』と対比してみるとよいし，同じ巻の波動を論じた部分は『量子力学』の理解にも役立つ．また，どの巻も数学にふりまわされて物理を見失うことがないように配慮しているが，『物理のための数学』の併読は極めて有益である．

この「物理入門コース」をまとめるにあたって，編者は全巻の原稿を読み，執筆者に種々注文をつけて再三改稿をお願いしたこともある．また，執筆者相互の意見，岩波書店編集部から絶えず示された見解も活用させていただいた．今後は読者諸君の意見もききながらなおいっそう改良を加えていきたい．

1982年8月

編者　戸田盛和
中嶋貞雄

「物理入門コース／演習」シリーズについて

このコースをさらによく理解していただくために，姉妹篇として「演習」シリーズを編集した．

1. 例解　力学演習
2. 例解　電磁気学演習
3. 例解　量子力学演習
4. 例解　熱・統計力学演習
5. 例解　物理数学演習

各巻ともこのコースの内容に沿って書かれており，わかりやすく，使いやすい演習書である．この演習シリーズによって，豊かな実力をつけられることを期待する．(1991年3月)

はじめに

火を扱うようになったのは人類の歴史とともに古い時代のことであり，それ以来，熱や温度に対する人類の関心は特別のものであったにちがいない．しかし，あまり身近でありすぎたためか，熱に関する学問がはじまったのは大変おくれて，ようやく19世紀に入ってからであった．それまでには力学を除いて物理学の分野はほかになかったから，力学についではじめられた物理学の分野は熱学であったともいえるのである．力学，熱学についで電磁気学が完成され，19世紀のおわりにはようやく物理学の体系が形成された．

熱学の基礎をまとめたのが熱力学である．これは物理学に限らず，化学，生物学，生化学，医学，あるいは地球物理学などの地球科学，天文学などの宇宙科学，および種々の工学部門において広く用いられているものであり，また，エネルギー，資源，環境の問題において将来ますます重要性を増すにちがいない．したがってどの方面へ進むにしても，熱力学の中心的な部分は常識として熟知しておく必要がある．

この理由のため，本書では熱力学をはじめにおき，その重要なところを十分ていねいに述べながら，全体として簡潔にまとめるようにした．

物質に関する知識が深まるにつれて分子論が発達し，熱現象を分子論的に考察する基礎として統計力学が生まれた．これが本書の後半のテーマである．

本書は次のように構成されている.

(1)　温度と熱に関する経験的事項——第1章

(2)　熱力学——{第2章 熱力学第1法則
第3章 熱力学第2法則}

(3)　分子による気体の性質の解明——第4章

(4)　統計力学——{第5章 気体の統計力学
第6章 一般の体系の統計力学}

(5)　量子論的な体系——第7章と第8章

このように(1)は(2)の前座的な章であり，(3)は(4)の前座的な章である．しかし各章はそれぞれ独特のテーマと考え方を含むので，独立に読めるようにし，いくらか重複して述べたところもある.

第2章と第3章にわたる熱力学は熱現象の間の一般的な関係を2つの法則から導き出す学問体系で，物理学の中で理論的体系としての独特な美しさをもつ，巨視的観点に立った学問である．これに対し，第5章と第6章の統計力学は分子論的立場に立った理論体系であり，この立場で熱力学と同じように熱現象の間の一般的な関係を明らかにすることができる．しかしまた物質の分子的な構造を設定すれば，統計力学は物質の熱的性質を具体的に導き出せるもので，この点では熱力学が普遍的関係の解明にとどまっているのとは大いに異なっている.

本書では熱力学の独特な考え方にも十分触れることができるように，前半の部分では分子論的な考え方は入れないで，後半の統計力学の部分との間にはっきりした境界をおくことにした．それと同時に統計力学の部分では前半の記述を参照しなくてよいように配慮しておいた.

気体の分子の運動を扱った第4章と第5章，および統計力学の一般的方法を述べた第6章では，分子の運動がニュートン力学で記述できると仮定している．しかし，分子や原子の運動はくわしくいうと量子力学で扱わなければならない．ただ，ふつうの気体や固体では分子の運動をニュートン力学で扱ってもよい近似である場合が多いのである.

第7章では量子力学の立場から統計力学の一般的方法を見直すが，第6章で述べた統計力学の方法は量子力学に移っても特に大きな変化を受けないことがわかるだろう．むしろニュートン力学よりも量子力学の場合の方が，統計力学の一般論は簡単になる．本書でニュートン力学に基づく統計力学を先きにしたのは，まだ量子力学になじまない読者に対する配慮のためにほかならない．

量子力学では2個の同種の粒子が衝突するとき，それぞれの粒子の軌跡を区別して追跡することはできない．これは量子力学がニュートン力学と本質的に異なる点の1つである．同種粒子からなる体系の扱いは第8章で，量子統計として述べることにした．金属や半導体における電子の行動は量子統計によってはじめて理解できるが，本書では量子統計の基礎的な部分に触れるだけに止めた．物質の構造と性質を理解する学問へ進むためにも，本書は出発点として役立つものと期待している．

本書の執筆にあたっては中嶋貞雄氏をはじめ，このコースの著者の諸先生から懇切な御意見をいただき，また岩波書店編集部の諸氏，ことに片山宏海氏には一方ならぬお世話になった．これらの方々に厚くお礼を申し上げたい．

1983年10月

戸田盛和

目次

1

温度と熱

わたしたちは熱い冷たいという感覚を温度であらわし，また，冷たいものを加熱して熱くしたりする．温度や熱はわかりきったことのように思っているし，ガソリンエンジンのような熱機関も日常生活に密着したものである．しかし，温度とは本当は何だろうか，熱とは何だろうかと考えるとき，熱現象を根本から考え直す必要が生まれる．まず，わかりやすい気体の性質を考えることからはじめて，温度や熱の基本的知識を整理してみることにしよう．

1-1 経験温度

物理学が対象とする力や光が昔は筋肉の感じや目の感覚から出発したように，**温度**(temperature)という概念も，冷たい，熱いという感覚からきたにちがいない．しかし，人間の感覚は不確かだし，ほかの人と比べることもむずかしい．ある物体がほかのある物体に比べて熱い，あるいは冷たいという比較を確実なものにするには，温度を測る装置，すなわち**温度計**が必要である．

例えば水の温度を測るために水銀温度計を水に入れると，水銀の高さが変わるが，やがて一定の目盛りを示すようになる．このとき水と温度計とは同じ温度になって水の温度が温度計によって示されたわけである．

水銀温度計は水銀の体積が温度によって変わること，すなわち**熱膨張**(thermal expansion)を利用している．アルコールや石油の温度計も同様に用いられる．サーミスタ温度計，熱電対(ねつでんつい)温度計は温度によって変わる電気的性質を利用している．

温度計をつくるときは，ふつう，水と氷が共存する温度(氷点)を0度とし，1気圧の大気中で水が沸騰している温度(水の沸点)を100度とする(後に述べるように，現在では「絶対温度」を基準にして国際的に約束された温度目盛りがある)．水銀温度計では0度と100度の目盛りを定め，その間をガラス管上で100等分し，上下にも同じ間隔で目盛りがつけてある．ほかの温度計でも似た方法で目盛りがしてある．このような通常の温度計で示される温度を**経験温度**(empirical temperature)という．とくに，上のように目盛りをつけたときは，セルシウス(Celsius)温度といい，t度のことをt°Cとかく．

温度目盛りのつけ方からわかるように，例えば水銀温度計とアルコール温度計で同じ水の温度を測っても，0°Cと100°C以外では一致した温度が示されるとは限らない．なぜなら，温度によって，水銀とアルコールの熱膨張率が異なるからである．0°Cよりはるかに低い温度，100°Cよりはるかに高い温度の目盛りもふつうの温度計ではきめられない．このような意味で経験温度は十分に客観的ではなく，温度目盛りを厳密に客観的にきめるにはどうしたらよいかというのは大きな問題である．これはこの本で考える大きなテーマの１つであって，後に解決することになる．そこに到達する前に温度や熱について種々の現象に対する理解，すなわち**現象論**(phenomenology)的な考察を確かなものにしておこう．ふつうの温度計を用いても，温度の変化を調べたり，高い温度と低い温度をとにかく区別することはできるから，この段階ではそれで十分である．

熱平衡　熱い物体と冷たい物体をふれさせて放置しておくと，熱い物体は冷え，冷たい物体はあたたまって，まもなく両方の温度は同じになり，それ以上変化しなくなる．このとき２つの物体は**熱平衡**(thermal equilibrium)にあるという．

経験によれば物体ＡとＢが熱平衡にあり，ＡとＣが熱平衡にあるならば，ＢとＣを直接ふれさせても温度変化は起こらない(すなわちＢとＣも熱平衡にある)．

この経験法則によれば，物体Ａを仲介としてＢとＣが同じ温度にあることを確かめることができる．例えば物体Ａの，温度による体積膨張を測定することにすれば，これを温度計として物体ＢとＣの温度を比べることができるわけである．

熱平衡に関する上の法則は，物体を接触させたときに化学反応などは起こらないとしている．化学反応を考えると，ＡとＢが接触して反応が起こらず，ＡとＣが接触しても反応が起こらない場合でも，ＢとＣをふれさせると化学反応が起こることがある．これからもわかるように，熱平衡に関する上の経験法則は決してあたり前のことではないのである．化学反応などが起こらないで温度が等しくなる変化だけが起こるような接触を**熱接触**ということがある．熱接触においては高い温度の物体から低い温度の物体へ**熱**が移る(流れる)と考えられる．熱については1-4節で考察する．

1-2　気体の法則

温度計を最初につくったのは落体の研究で有名なガリレイ(Galileo Galilei)であったとされている．それは鶏卵大のガラス球の下に細いガラス管をつけてあらかじめ暖めて水中に直立させ，水が管の中ほどまで入るようにしておく．手や口でガラス管を暖めると中の空気が膨張して管中の水位を押し下げるから，それによって温度を知ることができる．ガリレイはそのほかにも空気の性質をいろいろ研究し，空気の重さを知り，大気圧と真空についてもある程度の理解をもった．

圧力と体積　ボイル(Robert Boyle)は圧力を加えたときの空気の体積を測り，圧力と空気の体積とが互いに反比例することを知った(1662年)．その後，空気以外の気体でもこの法則が成り立つことが確かめられた．圧力をP，気体の体積をVとすると

$$PV = 一定 \qquad (ただし温度は一定) \tag{1.1}$$

となる．これを**ボイルの法則**(Boyle's law)という(図1-1)．

体積と温度　シャルル(Jacques A. C. Charles)は圧力を一定にしたとき，

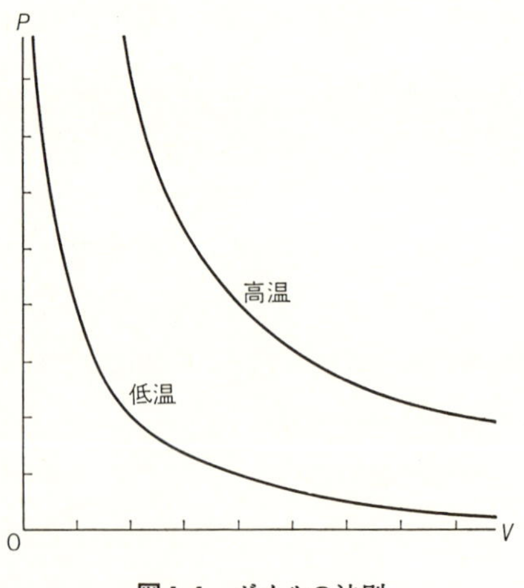

図1-1　ボイルの法則．

気体の温度による膨張の割り合い(膨張率)が気体によらず一定であることを発見した(1787年).しかしこの研究は発表されなかったので,1802年にゲイ・リュサック(Joseph L. Gay-Lussac)がこの法則を再発見している.くわしい測定によると,気体の体積を0°CのときV_0とし,t°CのときVとすると,膨張の割り合いは

$$\frac{V-V_0}{V_0 t}=\frac{1}{273.15} \qquad (\text{ただし圧力は一定}) \qquad (1.2)$$

である.tを小さくすればこの式の左辺は0°Cにおける膨張率であるが,tが大きくてもこの式は成り立つ.上式を書き直すと

$$V=V_0\left(1+\frac{t}{273.15}\right) \qquad (1.3)$$

となる.これを**シャルルの法則**(Charles law)という(図1-2).

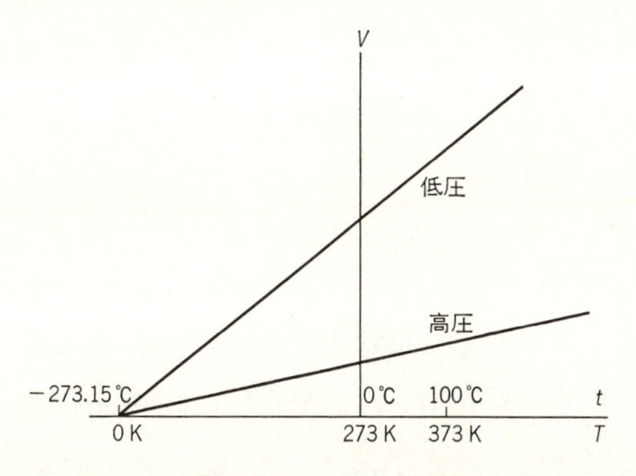

図1-2 シャルルの法則.

すでに述べたように,温度目盛り(t°C)は,客観性の不十分な温度目盛りであるが,上式(1.3)は圧力があまり高くなければ広い温度範囲(0°Cから100°C)で,多くの気体で成り立つことが確かめられる.そこで,圧力を一定にしたときの気体の体積変化によって温度の目盛りをすれば温度目盛りが得られる.この温度目盛りは気体の種類によらないから,水銀温度計などに比べて客観性がより大きいということができる.実際,シャルルの法則にもとづき,気体を用いて温度を測る装置が実験室で使われていて,これを**気体温度計**(gas thermometer)という．ただし，気体温度計は市販されていない．もちろん体積を一定に保ち，圧力を測って温度を知る気体温度計もある．

気体温度計で t°C を測ることができるが，さらに

$$\boxed{T = 273.15 + t} \tag{1.4}$$

を新たに温度目盛りとして採用することができる．これを(気体温度計の)**絶対温度**(absolute temperature)とよぶことにし，この温度目盛りを K で表わす．絶対温度は後にもっと完全な定義を与えるが，実は気体という特別な物質の状態やその種類によらないで絶対温度を定義することができるのである(それだからこそ‘絶対’という形容詞でよばれる)．

くわしくいうと，絶対温度の基準としては，水の 3 重点(水と氷と飽和水蒸気が共存する温度，0.01°C)をとり，これを 273.16 K として目盛りを定めている．

(1.4)式の T を用いると，(1.3)式は

$$V = V_0 \frac{T}{273.15}$$

と表わされるから，$T=0$ K，すなわち $t=-273.15$°C までシャルルの法則が成り立つとすると，この温度では気体の体積は 0 になってしまうことになる．実際には，すべての物質は 0 K のごく近くまで温度が下がると，液体あるいは固体となってしまい，シャルルの法則は成り立たなくなる．しかし，後にわかるように，実際に -273.15°C は実在しうる最低の温度であって，**絶対零度**とよばれる．

ボイル-シャルルの法則　ボイルの法則とシャルルの法則を組み合わせると，気体の圧力と体積と温度の間に成り立つ関係式

$$\boxed{PV = RT} \tag{1.5}$$

を得る．ここで R は定数である(いまは気体の量は問題にならないが，後には 1 モル(第 4 章参照)の気体をとったとき R は気体定数とよばれる定数になる)．

実際の気体はいくらかはボイル-シャルルの法則から偏差する．しかし圧力を小さくすればこの法則を用いて絶対温度をきめることができる．そこでこう

してきめた絶対温度を用いたとき常にこの法則が成り立つ気体を仮想して，これを**理想気体**(ideal gas)あるいは**完全気体**(perfect gas)という．また，ボイル-シャルルの法則を**理想気体の法則**，あるいは単に**気体法則**ということがある．

状態方程式　気体に限らず1成分からなる物体の圧力Pは，温度Tと体積Vの関数として与えられる．これは

$$P=\varphi(T, V) \tag{1.6}$$

あるいは

$$f(T, V, P)=0 \tag{1.7}$$

の形に書ける．これを**状態方程式**(equation of state)，あるいは略して**状態式**という．状態方程式の具体的な例としては(1.5)式，あるいはファン・デル・ワールスの式などがある(→4-4節)．

問　題

1. 気体の体積を一定にして温度を変えたとき，圧力と温度の関係はどうなるか．
2. 水銀の比重は13.6，重力の加速度は9.8 m/s^{2}である．1気圧(標準大気圧)は760 mmHgであるが，これは何N/m^{2}であるか．

1-3　実際の気体

気体が理想気体ならば，温度を一定にしたとき，気体の圧力と体積の積PVは圧力によらないわけである．しかし，例えば温度を0°Cに保ちながら圧力を加えた場合，PVの測定値は図1-3のように変化する．図で圧力を0に近づけた極限の値を$PV=1.0$にとってある．理想気体ならば圧力によらず$PV=1.0$(ボイルの法則)になるはずである．図からわかるように0°Cでは，水素，窒素，空気，酸素は理想気体からあまり大きくはずれない．しかし二酸化炭素CO_2はボイルの法則からの偏差が著しく，約30気圧かけると液化してしまう．

実は，二酸化炭素でも十分高温ならば圧力を加えても液化せず，また水素，窒素，空気，酸素などでも十分低温ならば二酸化炭素と同じように液化するこ

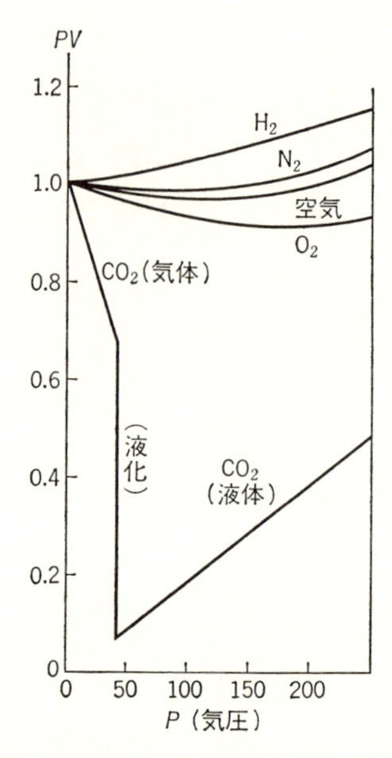

図 1-3 種々の気体と二酸化炭素の PV-P 曲線(0°C).

とが明らかにされている.

そこで例として二酸化炭素をとり，温度を一定にして圧力と体積の関係(等温線)を，いろいろな温度に対して調べると図1-4のようになる．理想気体ならば等温線の P-V 図形は双曲線 PV＝一定(図1-1参照)になるはずである．図からわかるように，32.1°C では CO_2 の等温線は双曲線からはずれているが，それでも理想気体に似た振舞をしている．そして温度を下げるにしたがってボイルの法則(双曲線)からのはずれは著しくなるが，31.1°C 以上では圧縮につれて圧力はなめらかに変化し，液化の現象は起こらない．しかし，31.1°C 以下の温度，例えば 30.4°C の場合には，図の右方の低い圧力の状態からしだいに圧力を高くしていくと，はじめはだいたいボイルの法則にしたがって圧縮されるが，図のP点までくると一部が液化しはじめる．液化がはじまると圧力は一定の飽和蒸気圧に保たれたままで圧縮につれてただ体積が減少して，全部液化するとQ点に達し，それからは全体が液体として圧縮されるため，急激に圧力が増大する．

このように 31.1°C 以上では CO_2 はいくら圧縮しても液化しない．CO_2 を液

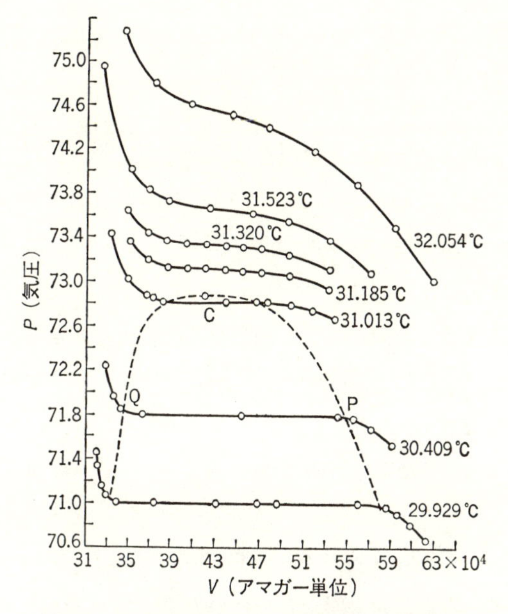

図 1-4　二酸化炭素 CO_2 の等温線と臨界現象．アマガー単位は高圧下の気体の状態の研究に用いられ，1 アマガー体積＝22.4 l．フランスの物理学者アマガー(Émile H. Amagat, 1841–1915)の名に由来する．

体にするには 31.1°C 以下にして圧縮しなければならないのである．アンドリューズ(Thomas Andrews)は二酸化炭素の状態を系統的に調べて，1863 年にこの現象を発見したのである．

その後，他のすべての気体も，液化するにはある温度以下に冷やさなければならないことが明らかにされた．この現象を**臨界現象**(critical phenomena)といい，圧縮により液化し得る最高の温度を**臨界温度**(**臨界点**)という(p. 93, 表 4-2 参照)．臨界温度における等温線の反曲点 C における圧力を**臨界圧力**という．

十分低温にすれば空気なども二酸化炭素同様の P-V 曲線を示し，すべての気体は臨界温度以下に冷却して圧縮すれば液化される．20 世紀のはじめ頃にはすべての気体が液化され，最後にヘリウムが液化されたのは 1908 年である．

1-4 熱量

例えば，水を入れたビーカーを湯の中にひたせば，湯から水へ熱が移って，水の温度は上昇する．この現象によって熱の量，すなわち**熱量**(quantity of heat)を測ることができる．水 1 g の温度を 14.5°C から 15.5°C まで上げるのに必要な熱量を 1 **カロリー**(cal)という．

物体の温度を 1 度上げるのに必要な熱量をその物体の**熱容量**(heat capacity)といい，物体 1 g の熱容量を**比熱**(specific heat)という．水の比熱は温度によってほとんど変わらないから，水の比熱は 1 cal/g･度 であるといってよい．水 1 kg の熱容量は 1 kcal/度 であり，水 1 kg の温度を 10°C から 40°C にするのに要する熱量は

$$1(\mathrm{kcal/度})\times(40-10)\,度 = 30\,\mathrm{kcal}$$

ということになる．なお，営養学などでは最近まで kcal を単にカロリーという習慣があった．例えば人間は 1 日に約 2500 カロリーの食物を採るというときのカロリーは kcal のことである．

経験温度が客観性を欠くのに対して，2 倍の熱量，3 倍の熱量といった熱量の比は客観的に明確な意味をもち，くわしく比較できる量であることが注目される．

水に加えた熱量はその水の温度を上げるばかりでなく，こうして温度の上がった水に，もっと冷たい物体を触れさせれば，はじめに加えたのと等しい熱量を冷たい水に移して水をもとの温度にもどすこともできる．この場合，外へ熱が逃げないようにしなければならないが，このように熱を移す実験では加えた熱量は水の中に蓄えられるようにみえる．また，鉄などの中を熱が伝わって各部分の温度が変わる現象，すなわち**熱伝導**(heat conduction)を扱うときは，熱量が保存されて鉄などの中を移動するように考えてよいのがふつうである．

しかし，鉄を研磨したり強く摩擦する場合，あるいは自転車のタイヤにポンプで空気を入れるときのように気体を強く圧縮する場合には，熱を加えないの

に温度が上昇する．このように外から摩擦などの仕事を加えると，熱を加えなくても，熱を加えたのと同様に温度が上がるのである．したがって熱を加えた場合も，外から仕事を加えた場合も，同じように物体の中に‘あるもの’が蓄えられると考えられる．この‘あるもの’は**内部エネルギー**(internal energy)とよばれるものであり，物体の中に蓄えられたエネルギーである．物体に加えた熱量と加えた摩擦などの仕事に応じて，物体の内部エネルギーは増加する(図1-5)．

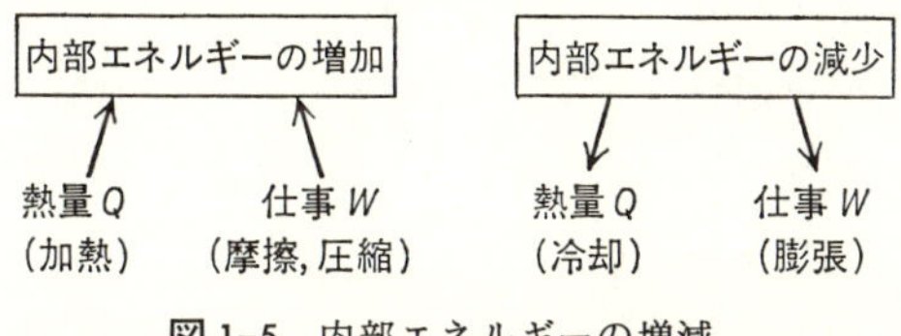

図1-5　内部エネルギーの増減.

逆に例えば水を冷却すれば，とり去った熱量だけ内部エネルギーは減少する．また気体にピストンを押して膨張するなどの仕事をさせればその内部エネルギーは減少して，そのために温度が下がることも確かめられる．この最後の例は簡単には検証できないが，例えばボンベにつめた二酸化炭素を急に噴出させると，冷えてドライアイスになる．これは噴出によってまわりの空気を押し除ける仕事をするためである．ドライアイスほど顕著な例ではないが，たとえば，口をすぼめて勢いよく息を吹きだすと，冷たくなる．この現象は一般に断熱膨張といわれ，後にくわしく述べる(2-5節)．

内部エネルギーを理解するには，物質が原子などからできているという**原子論**(atomic theory)的，あるいは**微視的**(**ミクロ的**, microscopic)な見方をすると都合がよい．例えば摩擦する際，物質を構成している分子や原子は押し動かされて運動がはげしくなる．その運動は物体表面から内部へも伝わって，表面付近の分子や原子の眼に見えない運動になるだろう．物体が全体として静止していても，分子や原子は物体の中で細かくて眼に見えない運動をしているのである．このような，分子や原子の運動を**熱運動**ということがある．熱運動は秩序だった運動ではなく，むしろ無秩序な運動であると考えられる．内部エネルギーとは物質を構成する分子や原子の熱運動と相互間の引力や斥力によるエネルギーである．これは分子や原子の運動エネルギーと相互作用の位置エネルギーの総和であるから，内部エネルギーは分子や原子のミクロ的な力学的エネルギーの総和であるといってもよい．

このような微視的な現象(観点)に対して，日常の m, cm, kg, g といったスケールで物を見るときは**巨視的**(**マクロ的**，macroscopic)な現象(観点)という．現象論的という言葉は巨視的と似た意味で使われることが多い．

分子や原子の熱運動の激しい物体とそれほどでもない物体とが接触していると，熱運動の激しさは前者から後者へと伝わり，そのためにエネルギーも移行する．これが熱の伝播であって，熱といっているのは，分子や原子の熱運動によってエネルギーが伝えられる現象である．いいかえれば，熱とはエネルギーがミクロ的に伝えられる現象である．

これに対して，気体を圧縮する場合のように，外から力学的な仕事を加えたために物体の内部エネルギーが増加する現象は，マクロ的な仕事あるいはエネルギーが，その物体のミクロ的なエネルギーに変わる現象である．

強い光をあてても物体の温度は上昇する．この場合，光(電磁波)のエネルギーは熱ではないが，物体に吸収されて分子や原子の熱運動の激しさを増し，これが温度上昇として観測されるのである．赤外線はことに吸収されやすいので熱線ともよばれるが，赤外線自身は熱ではない．

日常的な言葉だけでなく，テキスト風な言葉としても熱という言葉はいくらか広い意味に使われることが多い．例えば摩擦によって熱が発生したなどというが，正確には温度が上がったとか，内部エネルギーが増加したとかいうべきであろう．また分子や原子の無秩序な運動，すなわちミクロ的な運動を熱(運動)といったり，内部エネルギーのことを熱エネルギーといったりすることが多い．このような用語の不正確さが誤解を生じることは少ないであろうが，分子や原子のほかに熱という流体のようなものが物体内部にあると思ってはいけない．

1-5 熱と仕事

熱量と力学的エネルギーの換算 熱量は cal で表わすことが多く，力学的エネルギーはジュール(joule, 記号は J)を単位とする．これらは共にエネルギーであって

$$1\,\mathrm{cal} = 4.186\,\mathrm{J} \tag{1.8}$$

であることが確かめられる．これを**熱の仕事当量**(mechanical equivalent of heat)といい，J で表わす．すなわち

$$J = 4.186\,\mathrm{J/cal} \tag{1.9}$$

である．MKS 単位系におけるエネルギーの基本単位はジュールであるが，現在でもカロリーは補助的な単位として広く用いられている．

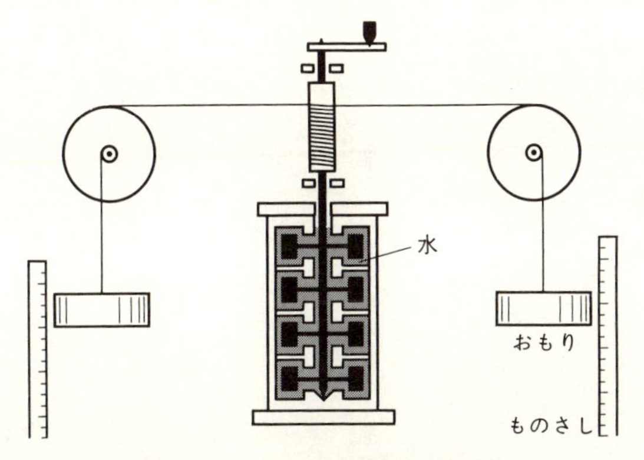

図 1-6 ジュールの実験の模式図.

熱の仕事当量はジュール(James P. Joule)によって 1845 年にはじめてくわしく測定された．このジュールの実験の概略を図 1-6 に示す．おもりが下がるにつれ水中の板が回転して水に運動を与えるが，水の粘性(内部摩擦)のために，水の運動エネルギーは絶えず‘熱’に変わっていく．おもりは極めてゆっくり下がるので，その運動エネルギーはつねに極めて小さいから考えなくてよい．また水も粘性のため大きな運動エネルギーをもつことはない．したがっておもり

が下がるにつれて，おもりがもっていた位置エネルギーは減少し，それだけのエネルギーが水の内部エネルギーの増加になる．水の量を W kg，容器(熱量計)の熱容量を C cal/度とし，温度上昇を Δt とすれば，内部エネルギーの増加は(水の熱容量は $1000W$ cal/度)

$$Q = (1000W+C)\Delta t \quad \text{cal} \tag{1.10}$$

である．他方でおもりの質量を M kg とし，下がった距離を h m とすれば，位置のエネルギーの減少は(g は重力加速度)

$$E = Mgh \quad \text{J} \tag{1.11}$$

である．熱の仕事当量を J とすれば $E=JQ$．したがって熱の仕事当量 J は

$$J = \frac{E\ (\text{J})}{Q\ (\text{cal})} \tag{1.12}$$

によって与えられる．

熱量も力学的エネルギーも共にエネルギーであるから，統一した単位としてはJを用いる．以下でも Q(cal) のように特にことわらない限りは熱量 Q と書いてもJを単位としているものと約束する．

問　題

1. 1ジュールは何カロリーか．

2

熱力学第1法則

前章で述べたように，物体を一定の条件の下におけば，熱平衡の状態になり，このとき物体の状態は温度と圧力などの値で表わすことができる．たとえば気体を急激に圧縮すると気体中に音波が発生したりするが，すこし放置すれば音波は減衰して気体はまた熱平衡の状態になる．もしも加熱したり圧縮したりする操作を十分ゆっくりおこなえば，その気体の状態の変化は温度と圧力の変化として表わすことができる．この章ではこのような状態変化とこれに伴う内部エネルギーの変化の間の関係を調べよう．

2-1 エネルギーの保存

すでに第1章において，物体が内部にもつエネルギーを考えて，これを内部エネルギーとよんだ．

内部エネルギーの変化は，どのようにしたら測られるであろうか．これは体積，圧力，温度，あるいは熱量のように直接測ることのできる量ではないが，物体に与えた熱量や仕事を測れば，その物体に蓄えられるエネルギーとして内部エネルギーの変化を知ることができるだろう．これをはっきりさせるため，熱量を含めたエネルギー保存の法則から出発しよう．

巨視的な立場で熱現象を一般的に扱う学問を**熱力学**(thermodynamics)という．熱力学では，多くの実験から帰納される次のような事実を公理として認めて出発する(この章では巨視的状態を単に状態とよぶことにする)．

> **熱力学第1法則** 1つの物体系を，定められたはじめの状態から，定められた終りの状態へいろいろの方法で移すとき，物体系に与えた力学的仕事と熱量の和は常に一定である．

例えば物体は摩擦して温度を上げることもできるし，熱量を与えて温度を上げることもできる．また摩擦と加熱の両方によって同じだけ温度を上げることもできる．しかしはじめの温度と終りの温度をきめれば，この変化をもたらした摩擦による仕事と加えた熱量の和は常に一定で，はじめの温度と終りの温度とだけできまる．

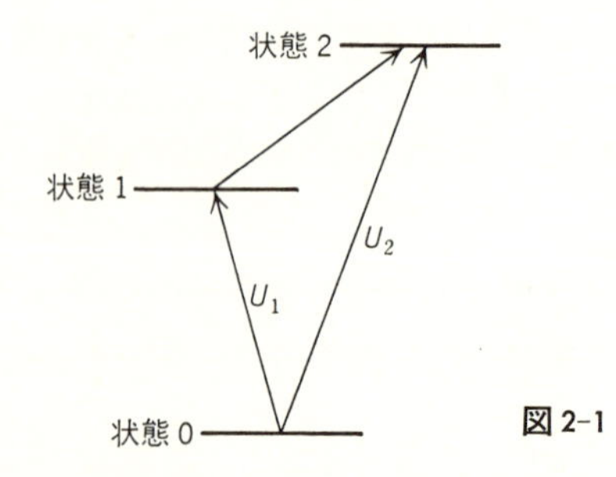

図 2-1

図2-1に示したように，ある基準の状態0を定めておき，状態1へ移すときに与えた仕事と熱量の和をU_1とし，基準の状態0から状態2へ直接移すときに与えた仕事と熱量の和をU_2とする．次に状態1から状態2へ移すときに与えた仕事をW，熱量をQとすると，基準の状態0から状態1を通って状態2へ移るときに与えられる仕事と熱量の和はU_1+W+Qであるが，これは直接0から2へ移すときに与えた仕事と熱量の和U_2に等しい．したがって熱量を含めたエネルギー保存の法則，すなわち**熱力学第1法則**(first law of thermodynamics)は

$$\boxed{U_2-U_1 = W+Q} \tag{2.1}$$

と書ける．ここでU_1, U_2は基準状態と各状態によって定まる量で**内部エネルギー**とよばれる．(2.1)によれば内部エネルギーの差U_2-U_1は基準状態によらず，状態1と状態2だけできまる．これは力学において重力による位置エネルギーには高さを測る基準の位置に任意性(付加定数)があったように，内部エネルギーも基準状態のとり方による付加定数をもつことを意味する．実際，必要なのはいつも内部エネルギーの変化だけであり，変化だけを考えるときは基準状態のとり方は問題にならない．なお，内部エネルギーのように物体の巨視的状態できまる量を**状態量**とよぶ．

たとえば固体の内部エネルギーをU_1からU_2に変化させるのに，熱を加えずに摩擦による仕事Wだけでこの変化をおこすこともできるし，仕事を加えないで熱量Qだけを与えてこの変化をおこすこともできる．このようにはじめと終りの状態をきめても，物体に加える熱量と仕事の量は別々にはきまらない．(2.1)式でいえば，$Q=0$で$U_2-U_1=W$の場合も，$W=0$で$U_2-U_1=Q$の場合もあり得るということである．したがって物体に加える熱量も仕事も状態量ではない．

なお，圧力，温度などは物体の分量に関係のない状態量であるので**示強変数**(intensive quantity)といい，体積，質量，内部エネルギーなどは物体の分量に比例する状態量であるので**示量変数**(extensive quantity)という．

第1種の永久機関　昔から人類は仕事に役立つ機械をいろいろと発明してきた．もしも，力を大きくすることができるてこや歯車などを組み合わせて，外から何もエネルギーを供給することなしに，いくらでも仕事をしてくれる装置を作ることができれば，エネルギー問題はおこらず，人類は働かなくてすむわけである．このような装置はもちろんできるものではないが，**永久機関**(perpetual motion)とよばれ，多くの人がこれを作ろうとして無駄な努力を積み重ねた．純粋に力学的な永久機関は，エネルギーをつくり出す装置なので力学的エネルギー保存の法則に反するから実現不可能である．外から何も供給することなしに，いくらでも仕事をする装置，すなわちエネルギーをつくり出す装置を**第1種の永久機関**という．これは熱力学第1法則に反するので，熱現象を利用しても，永久機関は実現不可能である．永久機関を作ろうと無駄な努力を重ねた結果，このようなものはできないことを認めるようになったので，エネルギー保存の法則が確立されたといってもよいであろう．この法則を認めたことの方が無駄な努力を重ねるよりもはるかに得るところが多かったのも明らかである．

熱力学第1法則は，「第1種の永久機関は実現不可能である」といいかえることもできる．

2-2 準静変化

熱力学においては，物体に運動がない場合を主に取り扱うが，物体の状態を変化させる場合を扱わなければならない．そこで物体がつねに熱平衡の状態を保つように，きわめてゆっくりした変化を考える．そうすると取り扱う問題を非常に簡単にすることができるので，これは熱力学における重要な方法とされている．すでに述べたように，物体系がつねに平衡状態にあるような，きわめてゆっくりした状態変化を考え，これを**準静的**(quasi-static)な変化，あるいは**準静過程**という．

平衡状態を保ちながら変化させるという意味をはっきりさせるために，具体

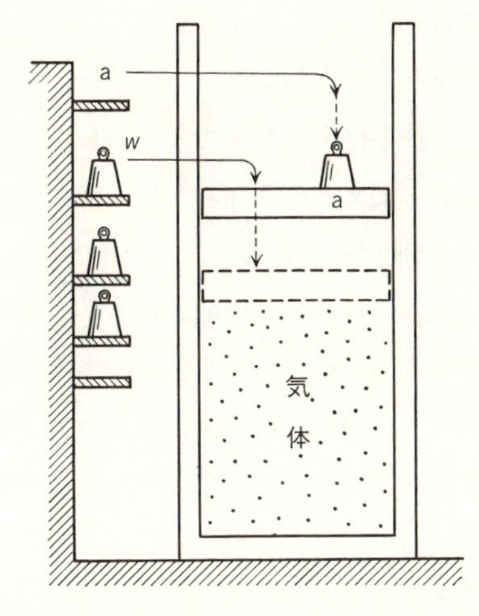

図 2-2 おもりによる気体の圧縮.

的な例として気体を圧縮する過程を考えよう．図 2-2 のように気体の圧力がピストンの上にのせたおもりの重さと釣り合っているとする．そして次のような仮想的な実験を考える．左の壁に高さがすこしずつちがう棚を用意し，その上にそれぞれ小さなおもり w をのせておく．ピストンと同じ高さの棚から小さなおもりをとってピストンにのせれば，気体はわずか圧縮されて平衡する．このとき次の高さの棚がピストンと同じ高さになるように，棚の高さを適当に選んでおく．以下同じようにしてつぎつぎと棚の上からおもりをピストンの上に移すことによって気体をすこしずつ圧縮することができる(シリンダーの壁に適当な窓があっておもりが入れるようになっていると考えておく)．

さて，いま，最下段の棚の1つ上の棚にのせたおもりをピストンにのせて，最下段の棚の高さまで圧縮されたとしよう．ここで最後にのせたおもりをとり除いて最下段の棚に移すと，気体はすこし膨張してピストンはその上の棚まで達する．ここでまた1つのおもりをとり除く．この操作をくりかえせば，気体をはじめの体積まで戻すことができる．しかしこのとき小さなおもりははじめの状態に比べて1つずつ下の棚に戻ったことになる．したがって気体はもとの状態に戻っても，小さなおもりの集まりまで考えれば全体の体系は完全にもとへ戻ったわけではない(もちろん，この仮想的な実験では，おもりを手でピストンの上へ運んだり，これを棚へ戻したりしなくてはいけない．しかし，棚とピストンは同じ高さなので手でおもりを運ぶ仕事はいくらでも小さくすることができ，したがって，この仕事は考えなくてよいとしている)．

しかしながら，つぎつぎと加える小さなおもりの重さを無限に小さく(したがって棚は無限に多く)した極限を考えると，無限小のおもりをつぎつぎと加えることによって気体は無限にゆっくり圧縮され，また無限小のおもりをつぎつぎと取り除くことによって気体はゆっくりもとの体積に戻り，加えたり取り去ったりした無限小のおもりの集まりは完全にもとのところへそれぞれ戻ることになる．この過程は準静変化であり，変化に関係した物体系(気体とおもり)がすべてもとの状態に戻ったので，この過程は**可逆**(reversible)であるという．これからわかるように準静変化は可逆である．

可逆変化　　物体系の状態をもとへ戻し，外界にも変化がまったく残らないようにし得る変化を**可逆変化**という．簡単にいえばその物体系だけでなく，その外界も含めて，いわば全自然界をもとの状態に戻し得る場合を可逆というのである．

気体を可逆的に圧縮する場合と同様に，物体に可逆的に熱を加えることができる．すなわち，物体の温度と無限小だけ異なる温度の熱源を，この物体に接触さして熱を与えるのである．**熱源**(heat reserver(source))とは熱を供給する源となるもので，熱のやりとりをしても温度が変わらないほど，きわめて大きいものをいう．

熱源としては，熱を通さないシリンダーに入れられた気体を考えることもできる(図2-3)．シリンダーの上部の一部分だけは熱を通すものとし，ここを物体に接触させる．この熱源のピストンで気体を圧縮すると，気体の温度が上がり，物体に熱を与える．気体をきわめてゆっくり圧縮すれば，つねに物体とほとんど同じ温度を保ちながら，物体に熱を与えることができる．また，逆にきわめてゆっくり熱源のピストンを動かして気体を膨張させれば，物体とほとんど同じ温度を保ちながら物体から熱を取り去ることができる．無限にゆっくりこの操作をおこなえば，準静的に熱を与え，また熱を取り去って，気体もピス

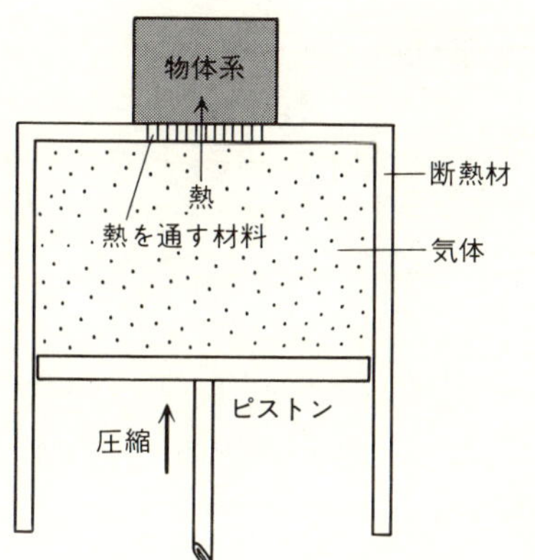

図 2-3 気体を熱源として使う場合．

トンも共にもとの状態に戻すことができる．このように準静的におこなう熱のやりとりは可逆である．

力学では振り子の運動など，摩擦のない運動(純粋に力学的な運動)はすべて可逆であるが，熱力学で考える可逆変化は主に準静変化である．そこで本書では可逆変化として準静変化のみを考えることにする．

厳密にいえば準静変化によって有限の変化を起こすには無限大の時間を要するわけである．しかし，例えば空気中を伝わる音波のように，急速に変化する現象であっても，音波の振動周期よりもはるかに短い時間内に気体内の熱平衡が成立するのがふつうであって，相当急激な変化でも準静的変化と考えてよい場合が多い．

圧縮による仕事　ピストンのついたシリンダーの内部に閉じこめた物体(気体とは限らない)をピストンで圧縮する場合を考えよう．ピストンを非常に速く動かせばシリンダー内の物体に流れや振動を引き起こすかもしれないから，問題は複雑になる．しかしピストンをきわめてゆっくり動かせば物体はいつも一様の密度のままで圧縮されるだろう．このようにゆっくりした変化では体系はいつも熱平衡の状態を保ったままで変化する．ピストンが物体の分子の速さに比べて非常にゆっくり動く場合は準静変化がおこなわれる．

ピストンが物体を押す力は物体がピストンを押す力と釣り合っている．した

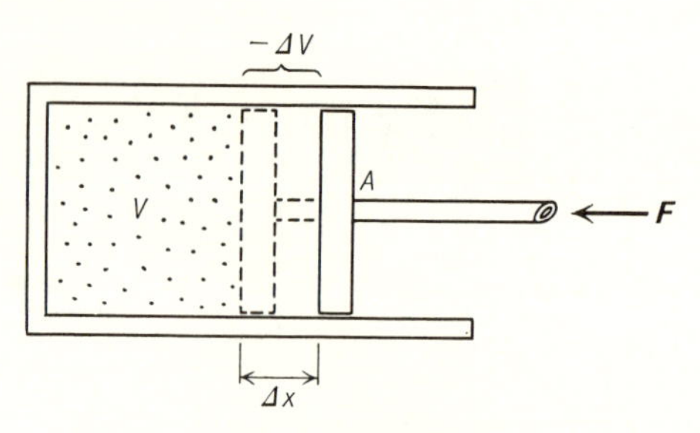

図 2-4　圧縮による体積変化 $\Delta V = -A\Delta x$.

がって，物体の圧力を P，ピストンの面積を A とすれば，この圧力に抗してピストンを押す力 $\boldsymbol{F}$ の大きさは

$$F = PA \tag{2.2}$$

である．図 2-4 のようにピストンを Δx だけ動かして物体をすこし圧縮したとしよう．ピストンがゆっくり動くとしているので，ピストンに加える力の大きさはつねに上式の F で与えられる．したがってピストンが Δx だけ動いたとき物体に対してする仕事は

$$\Delta W = F\Delta x = PA\Delta x \tag{2.3}$$

である．このとき物体の体積はすこし減少していて

$$\Delta V = -A\Delta x \tag{2.4}$$

は物体の体積変化である．したがって準静変化により物体に加えられる仕事は

$$\Delta W = -P\Delta V \tag{2.5}$$

と書ける．

ここではピストンによる圧縮を考えたが，ピストンを用いなくても，圧力を加えて任意の変形をさせる場合も準静変化ならば各部分について(2.5)が成り立つ．したがって全体としても体積変化を ΔV とすれば，体積変化による仕事はやはり(2.5)で与えられる．

状態量の変化　1 成分の物質からできている物体の状態は，電場や磁場などがなければ，温度 T(仮にここでは気体温度計で測られる温度を用いる)と体積 V できまる．したがって圧力 P や内部エネルギー U などの状態量は T と V の関数として与えることができる．そこで例として内部エネルギー U をとる

とこれは T と V の関数として $U(T, V)$ のように与えられる.

いま体積を一定に保ちながら, 準静的に温度を ΔT だけ上げたとすると, 平衡状態がつねに保たれているので, 内部エネルギーは $U(T+\Delta T, V)$ になる. この変化の割り合いは, $\Delta T\to 0$ の極限で, 偏微分係数

$$\lim_{\Delta T\to 0}\frac{U(T+\Delta T, V)-U(T, V)}{\Delta T}=\frac{\partial U(T, V)}{\partial T} \tag{2.6}$$

となる. これは U を T と V の関数とみて, V を一定に保って T で微分したものである. これを簡潔に表わすため

$$\frac{\partial U(T, V)}{\partial T}=\left(\frac{\partial U}{\partial T}\right)_V \tag{2.7}$$

と書こう. ここで添字 V は, V が一定に保たれることを表わす.

同様に, 温度 T を一定に保って準静的に体積 V を ΔV だけ変化させたときの内部エネルギーの変化の割り合いは, $\Delta V\to 0$ の極限で

$$\lim_{\Delta V\to 0}\frac{U(T, V+\Delta V)-U(T, V)}{\Delta V}=\left(\frac{\partial U}{\partial V}\right)_T \tag{2.8}$$

と書ける. ここで添字 T は, T が一定に保たれる偏微分であることを意味する.

さて, 体積変化なしで温度だけが微小量 ΔT だけ変化したときの内部エネルギーの変化は

$$(\Delta U)_1=\left(\frac{\partial U}{\partial T}\right)_V \Delta T \tag{2.9}$$

であり, 温度変化なしで, 体積が微小量 ΔV だけ変化したときの内部エネルギーの変化は

$$(\Delta U)_2=\left(\frac{\partial U}{\partial V}\right)_T \Delta V \tag{2.10}$$

である. 図 2-5 に示したように, 関数 $U(T, V)$ を座標 T, V の関数として表わしたとき, 1 点 (T, V) の近くでは U は接平面でおきかえてよいので, 微小変化 $(\Delta U)_1$ と $(\Delta U)_2$ とは加え合わされる. そこで温度変化 ΔT, 体積変化 ΔV に対する内部エネルギーの変化 ΔU は

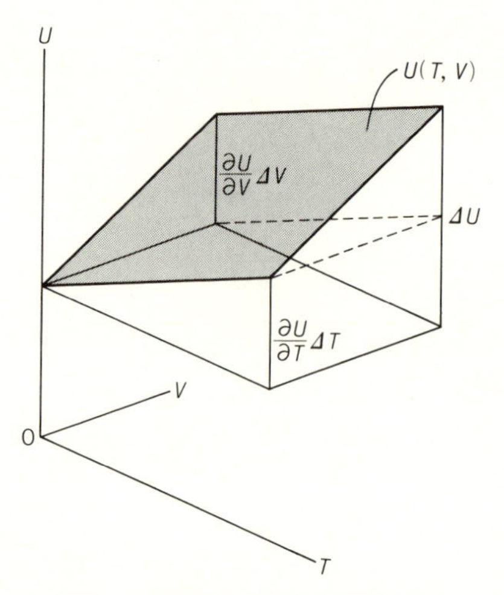

図 2-5 関数 $U(T, V)$ の微小変化.

$$\varDelta U = (\varDelta U)_1 + (\varDelta U)_2 \tag{2.11}$$

あるいは

$$\varDelta U = \left(\frac{\partial U}{\partial T}\right)_V \varDelta T + \left(\frac{\partial U}{\partial V}\right)_T \varDelta V \tag{2.12}$$

となる．$\varDelta T, \varDelta V$ が無限に小さくなった極限は

$$dU = \left(\frac{\partial U}{\partial T}\right)_V dT + \left(\frac{\partial U}{\partial V}\right)_T dV \tag{2.13}$$

と書かれる．これは T と V できまる状態量 U が T, V の変化 dT, dV に対してどのように変化するかを表わす式である．この形の式を**完全微分**という．

完全微分　　f を x と y の関数

$$f = f(x, y) \tag{2.14}$$

とする．この微分は

$$df = \frac{\partial f}{\partial x}dx + \frac{\partial f}{\partial y}dy \tag{2.15}$$

これが f の完全微分である(物理入門コース『物理のための数学』3-3 節参照)．もしもこれを

$$df = A(x, y)dx + B(x, y)dy \tag{2.16}$$

と書くときは

$$A(x, y) = \frac{\partial f}{\partial x}, \qquad B(x, y) = \frac{\partial f}{\partial y} \tag{2.17}$$

である．一般に x と y に関する微分は順序を入れかえてもよい．すなわち

$$\frac{\partial}{\partial y}\left(\frac{\partial f}{\partial x}\right) = \frac{\partial}{\partial x}\left(\frac{\partial f}{\partial y}\right) \tag{2.18}$$

である．したがって(2.17), (2.18)から

$$\frac{\partial A(x, y)}{\partial y} = \frac{\partial B(x, y)}{\partial x} \tag{2.19}$$

が成り立つ．

一般に $\alpha(x, y)$, $\beta(x, y)$ を共に x, y の関数としたとき

$$dz = \alpha(x, y)dx + \beta(x, y)dy \tag{2.20}$$

の形の式を**微分形式**という．もしもこのとき

$$\frac{\partial \alpha(x, y)}{\partial y} = \frac{\partial \beta(x, y)}{\partial x} \tag{2.21}$$

が成り立つならば，

$$\alpha(x, y) = \frac{\partial z(x, y)}{\partial x}, \qquad \beta(x, y) = \frac{\partial z(x, y)}{\partial y} \tag{2.22}$$

となるような x と y の関数 $z(x, y)$ が存在し，(2.20)の dz はこの関数の完全微分である．(2.22)は(2.20)が完全微分であるための条件である．

もしも

$$\frac{\partial \alpha(x, y)}{\partial y} \neq \frac{\partial \beta(x, y)}{\partial x} \tag{2.23}$$

ならば(2.20)は完全微分でなく，(2.22)を満たすような関数 $z(x, y)$ は存在しない．しかし，このように変数の数が2個ならば，適当な関数 $C(x, y)$ を選んで

$$\frac{\partial}{\partial y}\{C(x, y)\alpha(x, y)\} = \frac{\partial}{\partial x}\{C(x, y)\beta(x, y)\} \tag{2.24}$$

が成り立つようにすることができる(これは微分方程式論によって証明される)．すなわち適当に $C(x, y)$ を選べば

$$C(x, y)\alpha(x, y) = \frac{\partial f(x, y)}{\partial x}, \qquad C(x, y)\beta(x, y) = \frac{\partial f(x, y)}{\partial y} \tag{2.25}$$

となるような関数 $f(x,y)$ が見出され

$$df = C(x,y)dz \tag{2.26}$$

は完全微分となる．$C(x,y)$ を dz の**積分因子**という．

内部エネルギーの変化　(2.13)は関数 $U(T,V)$ の完全微分である．完全微分の係数 $(\partial U/\partial T)_V, (\partial U/\partial V)_T$ が T と V の関数として与えられれば，この完全微分を積分して内部エネルギー U を T と V の関数として，すなわち状態によって定まる量(状態量)として知ることができるわけである．

先に述べたように，熱量 Q と仕事 W は状態量ではない．したがって，例えば熱量を T と V の関数として表わすことはできないので，微小な熱量 dQ を完全微分の形で $(\partial Q/\partial T)_V dT + (\partial Q/\partial V)_T dV$ のように書くことはできない．完全微分でないことをはっきり表わすため，微小な熱量や仕事を $d'Q, d'W$ と書くこともあるが，わずらわしいから，この本では dQ, dW と書くことにする．微小変化に対して，第1法則(2.1)は

$$dU = dQ + dW \tag{2.27}$$

と書ける．物体に加える仕事が圧力による仕事ならば，(2.5)により

$$dW = -PdV \tag{2.28}$$

したがって第1法則は

$$\boxed{dU = dQ - PdV} \tag{2.29}$$

と書ける．これは熱力学の第1法則を微分形式で表わした重要な式である．

問　題

1.　理想気体の状態式を $PV=CT$ とするとき(C は定数)

$$\frac{\partial}{\partial P}\left(\frac{\partial V}{\partial T}\right)_P = \frac{\partial}{\partial T}\left(\frac{\partial V}{\partial P}\right)_T$$

であることを確かめよ．

2.　理想気体の状態式を $PV=CT$ としたとき，温度を一定に保ちながら，この気体の体積を1/2に圧縮するのに要する仕事を求めよ．

2-3 比熱

熱力学の第1法則の応用として物体の温度を上げるのに必要な熱量を考えることにしよう．(2.29)から，物体の内部エネルギー，体積の微小変化 $\Delta U, \Delta V$ と物体に与えられる熱量 ΔQ の間の関係として

$$\boxed{\Delta Q = \Delta U + P\Delta V} \tag{2.30}$$

を得る．

まず，体積 V を一定に保って温度を上げる場合を考えよう．V=一定 の場合は $\Delta V=0$ であるから，(2.12)，(2.30)により

$$\Delta Q = \left(\frac{\partial U}{\partial T}\right)_V \Delta T \qquad (V = \text{一定}) \tag{2.31}$$

となる．温度を ΔT だけ上げるのに必要な熱量が ΔQ であり，比 $\Delta Q/\Delta T$ は温度を1度上げるのに必要な熱量で，**熱容量**とよばれる．単位質量の熱容量を**比熱**という．しかし熱力学では物質1モル(4-3節参照)の熱容量をモル比熱，あるいは単に比熱とよぶのがふつうであり，本書でもこの用法にしたがうことにする．体積を一定にしたときの比熱を**定積比熱**という．これを C_V で表わせば

$$C_V = \left(\frac{\Delta Q}{\Delta T}\right)_{V=\text{一定}} \tag{2.32}$$

したがって，(2.31)により定積比熱は

$$C_V = \left(\frac{\partial U}{\partial T}\right)_V \tag{2.33}$$

と書ける．すなわち定積比熱は体積を一定にして温度を上げるときの内部エネルギーの増加の割り合いに等しい．体積を一定にするのであるから外部へ仕事をすることもないので，与えた熱量がそのまま内部エネルギーになるわけである．本書では証明しないが，一般に $C_V>0$ であることを示すことができる．

さて，つぎに圧力を一定にした場合の比熱を考えよう．圧力を一定にして温度を上げると体積膨張が起こるので，体積は一定に保たれない．体積変化まで

考えると，(2.12)の ΔU を(2.30)に代入して

$$\Delta Q = \left(\frac{\partial U}{\partial T}\right)_V \Delta T + \left(\frac{\partial U}{\partial V}\right)_T \Delta V + P\Delta V \tag{2.34}$$

ここで(2.33)を用いれば

$$\Delta Q = C_V \Delta T + \left\{\left(\frac{\partial U}{\partial V}\right)_T + P\right\}\Delta V \tag{2.35}$$

を得る．

圧力を一定にした場合の比熱を**定圧比熱**という．これを C_P で表わすと

$$C_P = \left(\frac{\Delta Q}{\Delta T}\right)_{P=\text{一定}} \tag{2.36}$$

したがって

$$C_P = C_V + \left\{\left(\frac{\partial U}{\partial V}\right)_T + P\right\}\left(\frac{\Delta V}{\Delta T}\right)_{P=\text{一定}} \tag{2.37}$$

を得る．ここで右辺の $(\Delta V/\Delta T)_{P=\text{一定}}$ で ΔV と ΔT を無限に小さくした極限をとると，これは体積 V を T と P の関数と見て T で微分したもの，すなわち T に関する偏微分である．したがって

$$\left(\frac{\Delta V}{\Delta T}\right)_{P=\text{一定}} = \left(\frac{\partial V}{\partial T}\right)_P \tag{2.38}$$

と書ける．こうして関係式

$$C_P = C_V + \left\{\left(\frac{\partial U}{\partial V}\right)_T + P\right\}\left(\frac{\partial V}{\partial T}\right)_P \tag{2.39}$$

が得られる．

このように微分形式を微小量に関する式でおきかえて関係式を導くとわかりやすくなる．熱力学ではこれと似た方法で偏微分に関する非常に多くの関係式を導くのであるが，慣れてしまえば，いちいち微分を微小量でおきかえなくてもよいようになるだろう．(2.29)から直ちに(2.39)を得ることも簡単に理解できるようになるにちがいない．以下ではいちいち微小量でおきかえることはしないで，簡略化した計算を示すことにする．理解しにくい場合は上述のように微小量でおきかえて考えてみるとよいであろう．

なお，(2.39)の右辺の $(\partial V/\partial T)_P$ を V で割ると

$$\alpha = \frac{1}{V}\left(\frac{\partial V}{\partial T}\right)_P \tag{2.40}$$

となる．これは圧力を一定にして温度を上げたときの体積の増加の割り合いを表わすもので，**体膨張率**とよばれる量である．

ここで

$$\boxed{H = U+PV} \tag{2.41}$$

という量を導入すると，(2.30)はさらに簡明に表わされる．この H は**エンタルピー**(enthalpy)，あるいは**熱関数**とよばれている．圧力 P を一定に保つとき

$$\Delta H = \Delta U+P\Delta V \qquad (P = \text{一定}) \tag{2.42}$$

となる．したがって(2.30)により P=一定 のとき

$$\Delta H = \Delta Q \qquad (P = \text{一定}) \tag{2.43}$$

であるから，定圧比熱(2.36)は

$$C_P = \left(\frac{\partial H}{\partial T}\right)_P \tag{2.44}$$

と書ける．

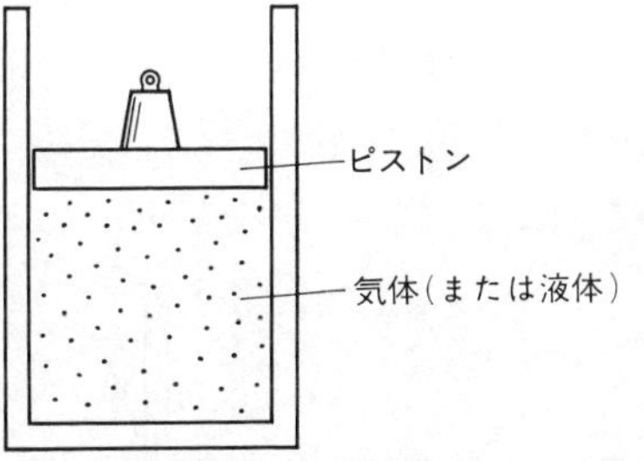

図 2-6　圧力一定の下でエンタルピー $H=U+PV$ の変化は $\Delta H=\Delta U+P\Delta V$．ここで $P\Delta V$ はおもりの位置エネルギーの変化に等しい．

気体や液体に対しては，エンタルピーの意味はわかりやすい．図 2-6 のように気体(あるいは液体)をシリンダーに入れ，ピストンにのせたおもりで圧力 P を加えておく．温度を ΔT だけ上げると気体は膨張し，ピストンを押し上げる．ピストンに対する仕事は $P\Delta V$ であって，これはピストンにのせたおもりの重力に対する位置エネルギーの増加となる．他方で温度上昇による内部エネルギ

ーの増加はΔUである．したがって，(2.42)のΔHは温度上昇による内部エネルギーの増加と圧力に対する仕事を加えたものである．いいかえると，圧力一定の条件で考えるとき，エンタルピーは物体の内部エネルギーとピストンのおもりのための位置エネルギーの和である．

問　題

1. 理想気体の体膨張率は絶対温度Tの逆数に等しいことを示せ．
2. 次式を証明せよ．

$$C_P - C_V = \alpha V\left\{\left(\frac{\partial U}{\partial V}\right)_T + P\right\}$$

ただしαは体膨張率である．

2-4 気体の内部エネルギー

内部エネルギーは一般に温度の関数であると同時に，体積の関数である．しかし気体ではほとんど温度のみの関数であって，体積に無関係である．気体のこの性質をはじめて実験的に確かめたジュールの実験について述べよう．

図2-7のように，断熱材の箱の中に容器A, Bを入れ，そのまわりを水で満たしてある．このとき容器Aには気体をつめこんでおき，容器Bは排気して真空にしておく．CはAとBの通路を開閉する栓で，最初は閉ざしておく．栓Cを開くと気体はBへ流入し，しばらくたつと静止してふたたび熱平衡の状態

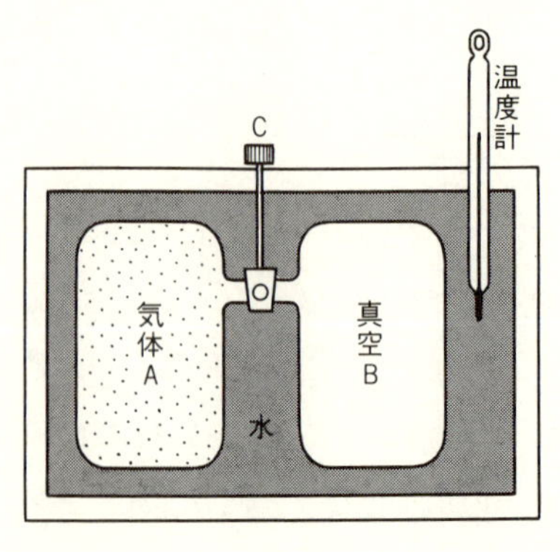

図2-7 気体の内部エネルギーについてのジュールの実験．

になる．この際，熱平衡後における温度計の読みははじめと同じであることが認められた．したがって水の状態も変化しなかったわけで，気体は水からすこしも熱をもらったり水へ熱を与えたりしなかったことになる．すなわち気体のもらった熱量を Q とすると，$Q=0$ である．また，水の温度が変化しなかったのであるから，気体の温度 T の変化 ΔT も 0 であった．さらに気体は A から B へ入って膨張したが容器 A と B の壁は動かないから外部へは全然仕事をしていない．すなわち外へした仕事 W も 0 である．よってこのとき，第 1 法則は

$$\Delta U = Q + W = 0 \tag{2.45}$$

と書ける．ΔU は気体の内部エネルギー U の変化である．

容器の大きさは勝手に選べるので，上式は(2.13)，(2.33)により

$$dU = C_V dT + \left(\frac{\partial U}{\partial V}\right)_T dV = 0 \tag{2.46}$$

を意味する．温度変化はなかったのであるから $dT=0$，したがって気体では実験誤差の範囲で

$$\left(\frac{\partial U}{\partial V}\right)_T = 0 \tag{2.47}$$

であることになる．すなわち，気体の内部エネルギーは体積によらず，温度のみの関数である．ただし，これが厳密に成り立つのは理想気体である(69 ページ参照)．(2.47)は

$$U = U(T) \tag{2.48}$$

で表わすことができる．したがってまた定積比熱 $C_V = (\partial U/\partial T)_V$ は体積によらず，温度だけの関数である．すなわち

$$C_V = C_V(T) \tag{2.49}$$

は体積によらない．そして，気体の内部エネルギーは(2.33)の両辺を積分して，

$$U = \int_{T_0}^{T} C_V(T) dT + \text{定数} \tag{2.50}$$

で与えられることになる．T_0 は基準とする温度であり，右辺の定数は温度にも体積にも(もちろん圧力にも)よらない定数である．実験によれば常温では気

体の C_V は温度によらないと見てよいので，常温では

$$U = C_V T + \text{定数} \tag{2.51}$$

としてもよい．

気体では(2.47)が成り立つとすると，(2.35)は

$$dQ = C_V dT + PdV \qquad (\text{気体}) \tag{2.52}$$

となる．この式は気体に与えた熱量が，気体の内部エネルギーを $C_V dT$ だけ増やすのに使われるほかに，体積膨張によって外へする仕事として PdV だけ費やされることを意味している．さらに気体の状態式を $PV=RT$ とすると((1.5)式参照)，圧力一定の場合は $PdV=RdT$．したがって圧力一定の変化に対し

$$P\left(\frac{\partial V}{\partial T}\right)_P = R \qquad (\text{気体}) \tag{2.53}$$

が成り立つ．そして(2.52)，あるいは(2.39)と(2.47)から，気体の定圧比熱 C_P と定積比熱 C_V の間の関係式

$$\boxed{C_P = C_V + R \qquad (\text{理想気体})} \tag{2.54}$$

を得る．右辺第2項の R は，上に述べたように気体の膨張による項である．

上の導き方からもわかるように，気体の定圧比熱 C_P と定積比熱 C_V の差は気体が熱膨張により外の圧力に対してする仕事にほかならない．実際，気体がピストンのついたシリンダーに入っていて，その圧力が P，体積が V であるとし，温度を1度上げたときの体積増加を v とすると

$$PV = RT, \qquad P(V+v) = R(T+1) \tag{2.55}$$

したがって

$$Pv = R \tag{2.56}$$

となるが，この式の左辺は，ピストンの圧力 P に抗して気体が v だけ熱膨張する際にした仕事に等しい((2.1参照)．圧力を一定にして気体の温度を1度上げるには，気体の内部エネルギー増加 C_V のほかに外部へする仕事 $Pv=R$ だけの熱量を余分に加えなければならないので，気体の定圧比熱 C_P は定積比熱

C_V よりも R だけ大きいのである．外圧に対してする仕事 Pv は力学的な仕事として求められ，他方で C_P-C_V は cal で測定される．これらを比べれば熱の仕事当量が求められるわけである．マイヤー(Robert Mayer)はこのようにして，ジュールの実験よりも前に熱の仕事当量を求めた．マイヤーは熱を含めたエネルギー保存の法則を唱えた最初の人であったということができる．

問　題

1.　ある気体が 0°C，1 気圧のとき 22.4 l の体積を占めている．この気体について，$C_P-C_V=2$ cal であるという．これから熱の仕事当量を求めよ．

2.　気体の状態式を $PV=RT$ とするとき，この体積を一定にして温度を上げたときの圧力増加の割り合いは

$$\left(\frac{\partial P}{\partial T}\right)_V = \frac{R}{V}$$

であることを示せ．

2-5　理想気体の断熱変化

熱の出入りがないようにして物体を圧縮させたり，膨張させたりする変化を**断熱変化**という．準静変化に対して，断熱変化の条件は

$$dQ = dU+PdV = 0 \tag{2.57}$$

と書ける．

理想気体を考えると，$dU=C_VdT$ が成り立ち，ボイル-シャルルの法則により $P=RT/V$ であるから，上式は

$$dQ = C_VdT+\frac{RT}{V}dV = 0 \tag{2.58}$$

したがって微小変化に対して

$$\Delta T = -\frac{RT}{C_VV}\Delta V \tag{2.59}$$

$C_V>0$ なので，断熱的に気体を膨張させれば $(\Delta V>0)$，温度が低下し $(\Delta T<0)$，圧縮すれば $(\Delta V<0)$，温度が上昇する $(\Delta T>0)$．これは理想気体の断熱変化で

は外からする仕事がただちに内部エネルギーの増加になるからである．

さて(2.58)を書き直すと，断熱変化では

$$\frac{dQ}{T}=C_V\frac{dT}{T}+R\frac{dV}{V}=0 \tag{2.60}$$

が成り立つことがわかる．理想気体の比熱 C_V は温度だけの関数であるので，この式は項別に積分できる．ふつうの温度では C_V は一定とみてよいので C_V ＝一定 とすると，積分して

$$C_V \log T+R \log V=\text{定数} \tag{2.61}$$

一方，定圧比熱 C_P と定積比熱 C_V の比を**比熱比**とよび，これを γ で表わすと

$$\gamma=\frac{C_P}{C_V} \tag{2.62}$$

であるが，(2.54)により $C_P=C_V+R$ なので，比熱比も常温では定数とみてよい．また

$$\gamma-1=\frac{R}{C_V}>0 \tag{2.63}$$

を得る．これを用いて(2.61)を書き直せば

$$\log T+(\gamma-1)\log V=\text{定数} \tag{2.64}$$

となる．この指数をとって

$$\boxed{TV^{\gamma-1}=\text{定数}} \tag{2.65}$$

を得る．右辺の定数は断熱変化をはじめるときの状態できまる．例えば気体の温度が T_0，体積が V_0 の状態から断熱変化をしたとすると

$$TV^{\gamma-1}=T_0V_0^{\gamma-1} \tag{2.66}$$

あるいは

$$\frac{T}{T_0}=\left(\frac{V_0}{V}\right)^{\gamma-1} \tag{2.67}$$

が成り立つ．ここで $\gamma>1$．したがって体積を圧縮すれば($V_0>V$)，温度は上昇する($T>T_0$)ことがこの式からもわかる．

断熱変化の際にもボイル-シャルルの法則 $PV=RT$ はつねに成立している

から，$T=PV/R$ であり，これを(2.65)に代入すると，断熱変化のときの圧力と体積の関係として

$$\boxed{PV^{\gamma}=一定} \tag{2.68}$$

を得る．これを**ポアソン**(Poisson)**の式**ということがある．

(2.68)を等温変化に対する式 $PV=$一定 と比較すると，2つの過程の特徴がはっきりする．断熱変化では気体を圧縮すると温度が上がるが，等温変化ではこの熱を逃がして温度を一定にするので，断熱変化に比べて圧縮による圧力増加が小さいわけである．これをはっきりさせるには P-V 図形で断熱変化 PV^{γ} $=$一定 を表わす曲線(断熱線)と等温変化 $PV=$一定 を表わす曲線(等温線)を比較すればよい．(2.68)の対数をとれば

$$\log P+\gamma\log V=一定 \tag{2.69}$$

となり，この微分をつくれば，γ は定数としてよいので

$$\frac{dP}{P}+\gamma\frac{dV}{V}=0 \tag{2.70}$$

したがって断熱線の接線の点 (P, V) における傾きは

$$\frac{dP}{dV}=-\gamma\frac{P}{V} \qquad (断熱変化) \tag{2.71}$$

であることがわかる．同様に等温線 $PV=$一定 に対しては

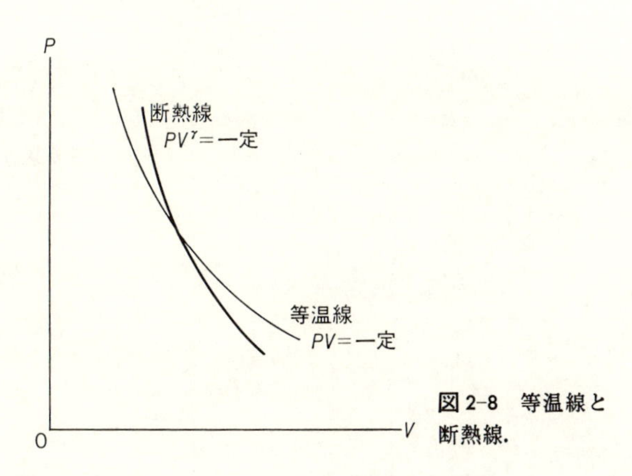

図 2-8　等温線と断熱線.

$$\log P + \log V = 一定 \tag{2.72}$$

であるから，等温線の傾きは

$$\frac{dP}{dV} = -\frac{P}{V} \quad (等温変化) \tag{2.73}$$

で与えられる．$\gamma > 1$ なので同じ点 (P, V) で比べれば曲線の傾きの絶対値の間に

$$\left|\frac{dP}{dV}\right|_{断熱変化} > \left|\frac{dP}{dV}\right|_{等温変化} \tag{2.74}$$

の関係がある．したがって断熱線は等温線よりも傾きが急である(図2-8参照)．

問　　題

1.　気体の断熱変化に対して

$$\frac{T}{P^{(\gamma-1)/\gamma}} = 一定$$

が成り立つことを示せ．

3

熱力学第2法則

海水や地殻などは非常に多量の内部エネルギーをもっている．それなのにわれわれはエネルギーを石油などに求めようとしているのはなぜなのだろうか．石油や石炭のもつ化学エネルギーをとり出して利用するのにガソリン・エンジンや蒸気機関を用いる．このような熱機関の効率は何できまるのだろうか．18世紀おわりに蒸気機関ができて工業が大きく発展し，熱に関する学問がこれにつれて進歩して，19世紀末には完成されるにいたった．

3-1 熱機関

18世紀の後半にワット(James Watt)が蒸気機関を改良し，19世紀なかばには蒸気機関車，蒸気船がつぎつぎと実用化された．これにつれて蒸気機関がする仕事と燃料の関係，すなわち効率を上げること，そしてどの程度まで効率は上げられるものなのかという問題が生じてきた．

蒸気機関に限らず，熱を仕事に変える装置を**熱機関**(heat engine)という．熱機関の効率を問題にすることによって熱現象に関する学問は大きく進歩した．そのさきがけになったのはカルノー(N. Carnot)という天才である．カルノーは熱力学の第1法則も知られていなかった時代，すなわち熱量と仕事の関係もよくわかっていなかった時代に熱機関の効率を考察したので，熱の本性について間違った考えもしていたが，カルノーの考察の道筋も得られた結果も正しかったことが後に認められた．ここでもこの道筋に沿い，熱機関の代表としてカルノー・サイクルというものを導入し，熱力学の基本法則を考察する手段として用いよう．

循環過程　熱機関はくりかえし運動して仕事をするため，循環して運転する必要がある．蒸気機関の場合は蒸気を利用するが，一般に熱機関で用いられる物質を**作業物質**といい，むだのない理想的な熱機関では作業物質はすてられることなく，熱機関の運転に際して熱を加えられたり，膨張したり，圧縮されたり，冷却されたり，種々の変化を経るが，1周期の後にはもとと同じ状態に戻る．このようにくりかえし変化する過程を**循環過程**(cyclic process)，あるいは単に**サイクル**という．

熱機関の最も簡単なものとして，次のようなサイクルをおこなうものを考える．

高温の熱源(高熱源とよび θ_2 で表わす)と低温の熱源(低熱源，θ_1)を用意する．過程は次の4段階からなるサイクルである．段階はすべて準静過程とする．そのため P-V 図形で状態変化を表わすことができる．

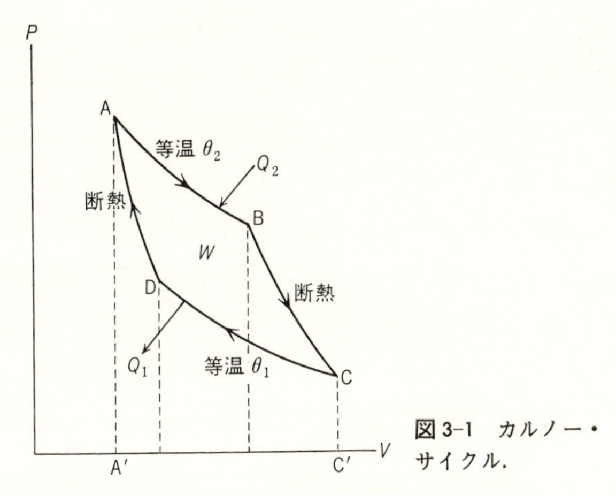

図 3-1　カルノー・サイクル．

(i)　作業物質を高熱源θ_2に接触させて等温的に膨張させる．図 3-1 のようにP-V図形で作業物質の状態は A から B へいく等温曲線で表わされる．

(ii)　作業物質を高熱源から切り離し，これを断熱的に膨張させる．断熱曲線は等温線より傾きが急なので(2-5 節参照)，変化を示す曲線は B で折れ曲がって膨張後 C に達する．

(iii)　作業物質を低熱源θ_1に接触させて圧縮し，C→D の変化をおこなわせる．等温圧縮の終点 D は適当に選んで，次の第 4 段階で A に戻るようにする．

(iv)　作業物質を低熱源から切り離し，断熱的に圧縮させて A に戻る．これで 1 サイクルを終わる．

この間でする仕事を考えよう．まず ABC の間に作業物質は ABCC′A′A で囲まれる面積で与えられる仕事$\int PdV$を外へ出し，CDA の過程では CDAA′C′C の面積で与えられる仕事をされることになる．したがって作業物質は 1 サイクルの間に ABCDA で囲まれた面積によって与えられる仕事

$$W = \text{面積 ABCDA} \tag{3.1}$$

を外に対してすることになる．

作業物質が等温変化 AB の間に高熱源θ_2から受けとる熱量をQ_2とし，等温変化 CD の間に低熱源θ_1へ放出する熱量をQ_1とする．断熱変化 BC と DA では熱の出入りはない．1 サイクルの間に作業物質が受けとった熱は差し引き

Q_2-Q_1 であるが，1サイクルの後に作業物質はもとへ戻ったのであるから，この熱量は仕事 W として外へ出されたわけである．したがって

$$W = Q_2 - Q_1 \tag{3.2}$$

である．

この理想的なサイクルを**カルノー・サイクル**(Carnot's cycle)という．このサイクルの作業物質は気体に限らない．もしも気体を作業物質にしてこのエンジンをつくったとしたら，ピストンのついたシリンダーに気体を入れて，図3-2のようなものになる．シリンダーとピストンは断熱壁でつくられ，シリンダーの底だけが熱を通す物質でつくられている．ここを熱源 θ_1, θ_2 および断熱物質でつくられた台Rの上に順次おいて，上の4段階のサイクルをおこなわせる．図でWは1つのはずみ車であって，等温的な膨張，圧縮と断熱的な膨張，圧縮を助ける役目をする．

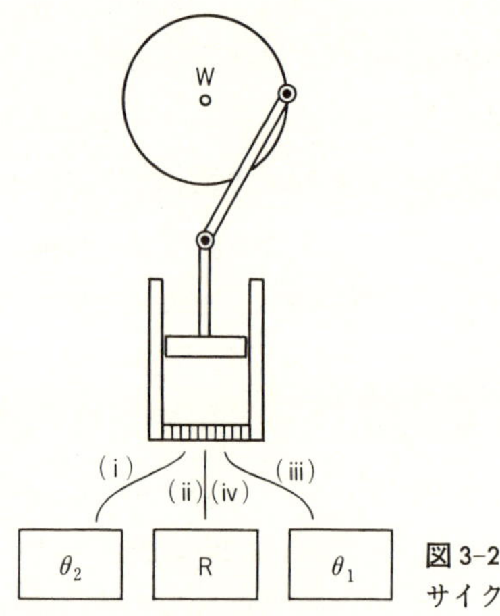

図3-2　カルノー・サイクルの略図．

カルノー・サイクルは現実の熱機関のモデルではなく，エンジンとして実際に使うこともできないが，熱力学の考えを導く上で極めて重要なもので，**カルノー・エンジン**とよばれる．この熱機関は2つの熱源の間ではたらくことが注目される．また，外へする仕事は面積ABCDAで与えられるが，もしも断熱膨張過程BCと断熱圧縮過程DAがなく，等温過程だけならば，この面積は0に

なってしまう．したがって，外へ仕事をするためには断熱過程がなければならないこともわかる．

さらに，カルノー・サイクルの過程(i)から(iv)まではすべて準静変化であるため，逆にたどることができる．すなわちカルノー・サイクルは可逆である．図3-1で示される過程を時計まわり(右まわり)にまわればカルノーのサイクルは外へ仕事をするが，逆時計まわりに運転(逆運転)すれば，外から仕事をもらって，低熱源から熱量 Q_1 をとり，高熱源に熱量 Q_2 を与える．もしも低熱源が有限の熱容量のものであれば，逆運転をすると低熱源はさらに冷却することになる．これは**冷却器**の原理である．

熱機関の効率　カルノー・エンジンに限らないが，熱機関が1サイクルの間に外へした仕事をこの間に受けとった熱量で割った値を**熱機関の効率**という．

Coffee Break

カルノー

(Nicolas Léonard Sadi Carnot, 1796–1832)

カルノーの父はナポレオンの軍事大臣にもなった人であるが，技術者であり，科学者でもあった．カルノーも軍人になったが，ナポレオン失脚の数年後には休職して，その後は科学の研究に専心した．1824年に出版した『火の動力についての考察』の中で，現在カルノー・サイクルとよばれる天才的なアイディアが論じられている．彼は熱を流体のような物質と考え，熱機関を水車と類似して考察したが，その結論は正しかった．この考察のあとの「覚え書き」では熱は流体でなく，物質内の運動であろうと考えている．彼の『考察』はしばらく忘れられていたが，1834年にクラペイロンによって紹介された．さらに1848年にケルビン(W. トムソン)はカルノー・サイクルを用いれば温度計の物質によらない絶対温度が定義できることを発見した(3-4節参照)．

2つの熱源の間ではたらく熱機関で1サイクルの間に高熱源から受けとった熱量をQ_2とし，低熱源へ渡した熱量をQ_1とすれば，1サイクルの間にした仕事は(熱力学の第1法則により) $W=Q_2-Q_1$ であるから，この熱機関の効率をηとすると，これは

$$\eta=\frac{W}{Q_2}=\frac{Q_2-Q_1}{Q_2}=1-\frac{Q_1}{Q_2} \tag{3.3}$$

で与えられる.

3-2 不可逆な現象

振り子の運動は摩擦や空気の抵抗がなければ，1周期の後にもとへ戻るし，速度を逆にすれば運動を逆にたどる．摩擦や抵抗のない力学の現象(純粋に力学的な現象)は完全にもとへ戻るから可逆(reversible)であるといえる.

これに対して，熱現象では可逆ではないと思われる現象がいろいろある．例えば水平な机の上で台車を走らせれば，摩擦によって運動エネルギーは熱に変わり，減速するが，逆に台車が机から熱を吸収して走り出すことはない．摩擦によって熱が発生する現象は不可逆(irreversible)であろう.

不可逆変化とは，可逆でない変化，すなわち，どのような方法を使っても，物体系の状態をもとへ戻し，かつ外界にも変化が全く残らないようにすることが不可能な変化をいう.

不可逆現象が熱現象にとって極めて重要であることは，次のような考察からも明らかになる.

タンカーがアラブの国から石油を積んで日本へくることを想像しよう．船は燃料を使ってエンジンをはたらかせ，海を渡ってくる．その結果は何であろうか．船はアラブの港を出発するときも日本の港へ着いたときも同様に静止しているから運動のエネルギーは増えていない．高さが変わったわけでもないから重力に対して仕事をしたわけでもない．航海中にエンジンがした仕事はなぜ必要だったのだろうか．もちろん，船は海水の抵抗に打ち勝つためにスクリュー

を回して仕事をしたのである．スクリューを回す力学的仕事は海水の摩擦によって熱に変わっていく．もしもこの熱を海水から取ってスクリューを回す仕事に変えるだけで他に変化を残さない機械がつくれれば，燃料を使わないで，海水から熱をとるだけで航海できるわけである．海水のもつ内部エネルギーはほとんど無限にあるし，たとえ有限であったとしても，その熱は結局スクリューの回転によって海水に戻されるわけであるから，このような装置ができればエネルギー資源を全く必要としないことになる．こんな都合のいい話は実現不可能であろう．

1つの熱源から熱をとり，これを全部仕事に変えて，他に何の変化も残さず周期的にはたらく機械を**第2種の永久機関**という．

船のたとえは，第2種の永久機関が実現不可能であることを教えてくれる．第1種の永久機関は無からエネルギーをつくりだす装置で，実現不可能であった．第2種の永久機関は海水や空気などのようにほとんど無限にある内部エネルギーを熱として吸収するものでエネルギー保存の法則に反するわけではない．ドライアイスのように冷たいものを海水であたため，その際に吸収した熱でドライアイスを気化し，その蒸気圧で仕事をすることはできる．しかし，この際はすぐにドライアイスがなくなって，くりかえし運転することはできない．もしもこれをくりかえし運転させようと思えば，海水よりも冷たい熱源を用意しなければならない．例えばあたたかい南方の海水と北極の氷を2つの熱源としてその間ではたらく熱機関を作ったとすると，これは北極の氷がみんなとけてしまうか，海水が凍ってしまうまでは運転できるが，そこで停止してしまう．やはり第2種の永久機関はできないにちがいない．

第1種の永久機関ができればエネルギーが製造される．第2種の永久機関はすてられたエネルギーを無償で再生することにあたる．しかしいずれも実現不可能なのである．

仕事が熱に変わる変化以外にも，熱伝導によって熱が高温から低温へ流れる現象，気体が自然に混じる現象(拡散)，爆発の現象，電流が熱になる現象などはすべて不可逆であることが知られている．すなわち，これらの現象が起こったとき，何の変化も残さずにもとの状態に戻すことは成功した例がない．

これらは熱が関与する自然現象の起こる方向を示すものである．このように不可逆現象が存在することを認め，これを熱力学の基礎法則の1つ，すなわち熱力学の第2法則とする(次節)．

3-3 熱力学第2法則

熱力学第2法則はいろいろの表現の仕方がある．それぞれ，1つの単純な，経験から不可逆にちがいないと思われる事柄を法則とするのである．そのいくつかを紹介しよう．

熱力学第2法則

(1) 熱が高温から低温へ移る現象は不可逆である．いいかえると，熱を低温から高温へ移し，その他に何の変化も残らないようにすることは不可能である．これはクラウジウス(Rudolf Clausius)による表現(原理)である．

(2) 仕事が熱に変わる現象は不可逆である．いいかえれば，外から熱を吸収し，これを全部仕事に変えて外に与え，それ自身はもとの状態へ戻る装置をつくることはできない．これはトムソン(William Thomson, 後のケルビン卿 Lord Kelvin)による表現(原理)である．これを第2種の永久機関は実現不可能であるといいかえてもよい．またこれは$\eta<1$であることを意味する．

(3) 摩擦により熱が発生する現象は不可逆である．これはプランク(Max Planck)による表現である．

これらの熱力学第2法則の表現はたがいに同等である．例えばクラウジウスの表現(1)が正しければトムソンの原理(2)も正しく，また逆にトムソンの原理が正しければクラウジウスの原理も正しい．これを証明するには，クラウジウスの原理が正しくなければトムソンの原理も正しくなく，またトムソンの原理が正しくなければクラウジウスの原理も正しくないことをいえば十分である．

まずクラウジウスの原理が正しくないとしてみよう．低温熱源の温度をθ_1，高温のそれをθ_2とする．これらの間に可逆熱機関をはたらかせ，θ_2から熱量Q_2をとり，θ_1に熱量Q_1を与えてサイクルを完了し，外へ$W=Q_2-Q_1$の仕事を出す．クラウジウスの原理が正しくないならば，次にθ_1から熱量Q_1をとってそれを高温θ_2に移し，その他に何の変化も残らないようにすることができる．この結果，θ_1には変化が残らず，熱機関はもとの状態に戻り，熱源θ_2から熱量Q_2-Q_1が失われて，これが全部仕事として外へ出され，他に何の変化も残らないことになる．これはトムソンの原理が正しくないことになる．

またもしもトムソンの原理が正しくなければ，熱量Qを低熱源θ_1からとり，これを全部仕事に変えて他に何の変化も残らないようにすることができる．次にこの仕事を摩擦で熱に変えて高熱源に与えれば，結局，熱量Qが低熱源から高熱源に移っただけで他に何の変化も残らないことになり，クラウジウスの原理も正しくなくなる．

したがってクラウジウスの原理とトムソンの原理は同等である．同様にしてプランクの表現も他の2つの原理と同等であることが示される．

ゆえに熱力学の第2法則としては，上の3つの表現のどれを採用してもよい．

3-4　可逆機関の効率と絶対温度

すでに知ったように理想的な熱機関であるカルノーのエンジンは可逆機関である．しかし実際の熱機関では摩擦があるため仕事が熱に変わったり，温度差のあるところを熱伝導で熱が流れたりするが，これらは不可逆過程である．したがって実際の熱機関は不可逆機関である．

熱力学の第2法則から，可逆機関の効率に対して次のような重要な結論が導かれる．

温度をきめられた2つの熱源の間にはたらく可逆熱機関の効率は

すべて相等しく，これらの熱源の間ではたらく不可逆機関の効率は可逆熱機関の効率よりも小さい．いいかえれば可逆機関の効率は2つの熱源の温度だけできまり，これらの熱源の間ではたらく熱機関の中で最大の効率をもつ．これを**カルノーの定理**(Carnot's theorem)という．

第2法則を用いてカルノーの定理を証明しよう．1つの可逆機関の効率をηとし，高熱源からもらう熱量をQ_2，低熱源に与える熱量をQ_1，外へする仕事を$W(=Q_2-Q_1)$とする．不可逆機関に対して同様な量をそれぞれη', Q_2', Q_1', W'としよう．熱機関の大きさを適当にとれば，高熱源からもらう熱量は可逆機関全体と不可逆機関全体で相等しくすることができる．そこで簡単のため

$$Q_2' = Q_2 > 0 \tag{3.4}$$

としよう．

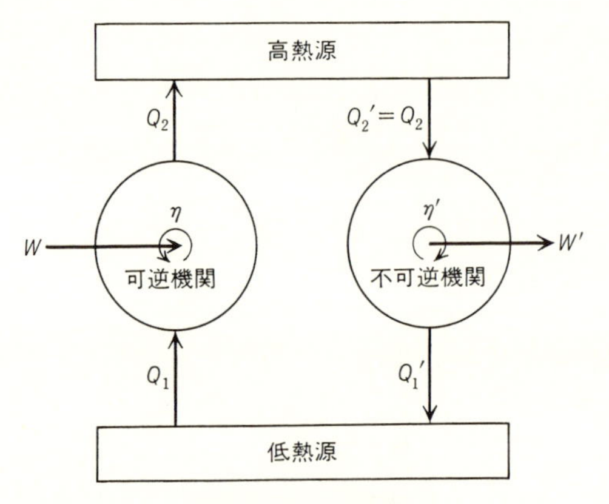

図3-3　複合熱機関.

さて，2つの熱源の間に，可逆機関と不可逆機関をそれぞれ1つずつつなごう．いま，不可逆機関をはたらかせて，同時に可逆機関を逆に運転させたとする(図3-3参照)．1サイクルの後に前者は高熱源より熱量Q_2'をとり，後者はこれに熱量Q_2を与えるが，$Q_2'=Q_2$としているから，高熱源はもとのとおりになる．このサイクルで全体として外へ出された仕事をW^*とし，全体として低

熱源に与えられた熱量を $Q_1{}^*$ とすれば

$$W^* = W' - W \tag{3.5}$$

$$Q_1{}^* = Q_1{}' - Q_1 \tag{3.6}$$

である．ここで

$$W' = Q_2 - Q_1{}' \tag{3.7}$$

$$W = Q_2 - Q_1 \tag{3.8}$$

であるから，これらを(3.5)に代入すると，(3.6)により

$$W^* = -Q_1{}^* \tag{3.9}$$

を得る．ここで，$Q_1{}^*$ は低熱源に与える熱量であるから，$-Q_1{}^*$ は低熱源からもらう熱量を意味する．

したがってこの2つの熱機関(複合機関)は低熱源から $-Q_1{}^*$ の熱をもらって，高熱源には変化なしに仕事 W^* に変え，もとの状態に戻る．もしも $W^*>0$ ならば，複合機関は熱量 $Q_1{}^*$ を仕事 W^* に変え，しかも他には何の変化も残らないから，これは熱力学の第2法則に反する．したがって $W^* \leqq 0$ でなければならない．ゆえに

$$Q_1{}^* \geqq 0 \tag{3.10}$$

である．これを(3.6)で考えれば

$$Q_1{}' \geqq Q_1 \tag{3.11}$$

したがって(3.4)により次式のようになる．

$$\frac{Q_1{}'}{Q_2{}'} \geqq \frac{Q_1}{Q_2} \tag{3.12}$$

可逆熱機関の効率を η とし，不可逆機関の効率を η' とすると(3.3)により

$$\eta = 1 - \frac{Q_1}{Q_2}, \qquad \eta' = 1 - \frac{Q_1{}'}{Q_2{}'} \tag{3.13}$$

したがって

$$\boxed{\eta \geqq \eta'} \tag{3.14}$$

ゆえに，可逆機関の効率 η は不可逆機関の効率 η' よりも小であり得ない．

次に，不可逆機関と考えた第2の熱機関も可逆機関であるならば，2つの熱

機関の役割りをとりかえ，上と同様にして

$$\eta' \geqq \eta \tag{3.15}$$

したがって2つの熱機関が共に可逆機関ならば(3.14)と(3.15)が両立し

$$\eta' = \eta \tag{3.16}$$

となる．すなわち，きめられた温度の2つの熱源の間ではたらく可逆機関の効率は等しい．これによってカルノーの定理は証明された．(3.14)の等号は第2の熱機関も可逆な場合にだけ成立することが示される．

熱力学的絶対温度　可逆機関の効率は2つの熱源の温度だけできまるから，両熱源の温度を経験温度で$\theta_1, \theta_2 (\theta_2 > \theta_1)$とすると，これらの間ではたらく可逆機関の効率$\eta$，あるいは$Q_2/Q_1$は$\theta_1$と$\theta_2$の関数として，

$$\frac{Q_2}{Q_1} = f(\theta_1, \theta_2) \tag{3.17}$$

と書ける．いま，温度θ_0の熱源とθ_1の熱源$(\theta_1 > \theta_0)$の間にもう1つの可逆機関をはたらかせ，これは熱源θ_1から熱量Q_1をとり，熱源θ_0に熱量Q_0を与えるようにすると

$$\frac{Q_1}{Q_0} = f(\theta_0, \theta_1) \tag{3.18}$$

である．これら2つの熱機関を合わせた複合機関も1つの可逆機関であり，こ

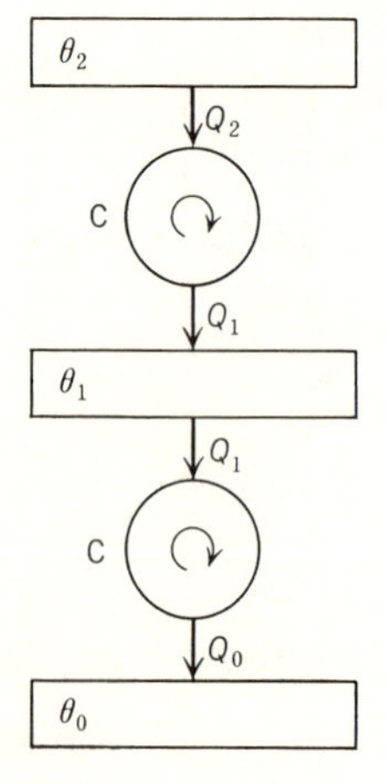

図3-4　2つのカルノー・サイクルC$(\theta_2 > \theta_1 > \theta_0)$.

れは θ_2 から熱量 Q_2 をとり，θ_0 に熱量 Q_0 を与えるから

$$\frac{Q_2}{Q_0} = f(\theta_0, \theta_2) \tag{3.19}$$

が成り立つ．したがって(3.19)式を(3.18)式で割って(3.17)式と等しいとおくと，関係式

$$f(\theta_1, \theta_2) = \frac{f(\theta_0, \theta_2)}{f(\theta_0, \theta_1)} \tag{3.20}$$

が得られる．左辺は θ_0 を含まないから，右辺も θ_0 を本当は含んでいないわけである．したがってある関数 $g(\theta)$ を用いて

$$\frac{Q_2}{Q_1} = f(\theta_1, \theta_2) = \frac{g(\theta_2)}{g(\theta_1)} \tag{3.21}$$

と書けるはずである．$g(\theta)$ は熱源の温度 θ だけの関数であって，用いた熱機関の作業物質の種類や量に無関係である．

ケルビンは(3.21)を用いて温度目盛りをきめることを考えた．2つの温度 θ_1 と θ_2 の間で可逆機関をはたらかせて，熱量 Q_1 と Q_2 を測定し，

$$\boxed{\frac{Q_2}{Q_1} = \frac{T_2}{T_1}} \tag{3.22}$$

(3.21)により，それぞれ θ_1 と θ_2 にあたる温度 T_1 と T_2 の比をきめることができる．この新しい温度目盛り T を**熱力学的絶対温度**という．(3.22)だけでは絶対温度の比しかきまらないが，ある温度を基準に選んでその絶対温度の値を約束によって定めれば，任意の温度を絶対温度で表わした値が決定される．現在では水の3重点を

$$T = 273.16\ \mathrm{K} \qquad (\text{水の3重点}) \tag{3.23}$$

と約束してきめている．この絶対温度はケルビンの頭文字をとってKで表わす．水の融点は3重点よりも0.01度低く，273.15 K である．絶対温度 T_1, T_2 の間ではたらく可逆機関の効率は $(T_2 > T_1)$

$$\eta = \frac{T_2 - T_1}{T_2} \tag{3.24}$$

で与えられる．

冷凍機とヒートポンプ

カルノー・エンジンでは高熱源から熱量 Q_2 をとってその一部を仕事 W にかえ，残りのエネルギー Q_1 を熱として低熱源へすてる．これは可逆機関であるから，逆に運転でき，そのときは外から仕事を加えて低熱源から熱をうばい，外から加えた仕事のエネルギーとともに高熱源に与える．これは低い場所から水を汲み上げるのに似ているが，外から加えた仕事も熱として高熱源に与えるから，水汲みそっくりではない．しかし，逆運転ではいわば熱を汲み出すように，低熱源から熱をうばうので，これを冷やすこともできる．カルノー・エンジンを逆運転すれば，冷却器やクーラーとして使えるわけで，しかも後に述べるようにその効率はきわめて大きい．

このようにしてクーラーを作ることができることに最初に気がついたのはケルビン卿であった．当時イギリスはインドを支配していたが，インドの暑さはイギリス人に耐えがたかったにちがいない．ケルビンは熱機関をクーラーとして使う提案をしたのである．これは当時の技術では実現できなかったが，彼は偉大な物理学者であると同時に技術面でもすぐれ，はじめての海底電線もケルビンが指導してできたのである(この功績により，彼は貴族に叙せられ，ケルビン卿とよばれるようになった)．

氷をつくったりする冷凍機も原理的にはクーラーと同じである．冷凍機の作業物質(冷媒)として家庭用にはフレオン(フロンガス)，工業用にはアンモニア，場合によっては空気やヘリウムも冷媒として用いられる．

冷凍機で低温部からうばった熱量を Q_1 とし，外から加えた仕事を W とすると，冷凍機の効率は

$$\eta_c = \frac{Q_1}{W}$$

である．冷凍機が可逆サイクルであれば，低温部(低熱源)の温度を T_1，高温部(高熱源)の温度を T_2 とするとその効率は

$$\eta_c = \frac{T_1}{T_2 - T_1}$$

で与えられる．かりに T_1(氷点)$=270$ K，T_2(室温)$=290$ K とすると，冷凍機の効率は $\eta_c=270/20=13.5$ となる．これは大きな効率であるが，実際の冷凍機は冷媒の噴出などの不可逆過程を含むので，冷凍効率はもっと小さい．

冷凍機では低熱源から熱をうばい，この熱量とともに外から加えた仕事によって発生した熱量を高温部へ与えるから，これを用いて高温部を加熱することもできる．この方式による暖房はヒートポンプ方式とよばれている(1つの装置で，ちょっとした切り換えによって，クーラーにもなり，ヒーターにもなるものも作られている)．ヒートポンプで低温部に地下水を使い，高温部を室内のラジェーターにすれば部屋の暖房装置になるわけである．もしもヒートポンプが可逆サイクルならば，その暖房効率は高温部に与えた熱量を Q_2 として

$$\eta_w = \frac{Q_2}{W} = \frac{T_2}{T_2 - T_1}$$

となる．かりに T_1(水温)$=280$ K，T_2(室温)$=290$ K とすれば $\eta_w=290/10=29$ という大きな効率になる．実際には不可逆過程などのために効率はもっと小さいが，ヒートポンプによる加熱は大変有効であることがわかる．ヒートポンプは設備費がかかるが，大きなビルディングなどで広く用いられ，将来ますます利用されるようになるだろう．

他方で，空気などの気体を冷却して液化する技術が進み，20世紀はじめには最後に残ったヘリウムも液化されて，極低温の物理学が盛んになった．また液化された酸素や天然ガスは工業用に広く利用されている．

第2法則によれば $\eta<1$ であるから，T は定符号である．そして(3.23)で $T>0$ としたから，絶対温度は常に正，すなわち $T>0$ である(レーザー作用の説明などで負の温度という言葉を用いることがあるが，これは本書で扱う温度とは別の概念である)．冷却装置をいかに働かせても，絶対零度($T=0$)に達することはできない．

絶対温度は原理的には可逆機関に温度計の役目をさせてきめることができる．これはこの温度計の作業物質によらないから，すべての物質に共通した普遍的なものである．絶対温度を用いればすべての熱力学の法則は最も普遍的な，簡単な形をとることが示される．しかし可逆機関を実際につくることは大変むずかしいし，かりにできたとしても小さな試料などの温度をこれで測ることは事実上不可能であろう．

しかし，次の例題1で示すように，理想気体の状態方程式に現われる温度は絶対温度と一致するので，気体を使って絶対温度を測ることができる．密度を小さくすれば，すべての気体は理想気体と考えられるから，気体温度計は気体の種類によらない温度を与えることは前にも知ったとおりである．これから予想されたように気体温度計の温度は普遍的な意味をもち，熱力学的絶対温度と一致するのである．

例題1　理想気体の状態方程式 $PV=RT$ に現われる気体温度 T は絶対温度と一致することを示せ．

［解］　理想気体でカルノー・サイクルをつくったとする．図3-1で示される4段階を考える．(i)理想気体の内部エネルギーは体積によらないので，等温変化 A→B の間になされる仕事はこの間に吸収される熱量 Q_2 に等しく

$$Q_2 = \int_{\mathrm{A}}^{\mathrm{B}} PdV \tag{3.25}$$

である．この等温変化の温度を気体温度で T_2 とすると，$P=RT_2/V$ なので

$$Q_2 = RT_2\int_{\mathrm{A}}^{\mathrm{B}} \frac{dV}{V} = RT_2 \log \frac{V_{\mathrm{B}}}{V_{\mathrm{A}}} \tag{3.26}$$

ここで積分公式 $\int \frac{dV}{V} = \log V$ を使った．また $V_{\mathrm{A}}, V_{\mathrm{B}}$ はそれぞれ A と B における気体の体積である．同様に(iii)の等温変化 C→D の間に低温の熱源(気体温度で T_1 とする)に与えられる熱量 Q_1 は

$$Q_1 = \int_{\mathrm{C}}^{\mathrm{D}} PdV = RT_1 \log \frac{V_{\mathrm{C}}}{V_{\mathrm{D}}} \tag{3.27}$$

である．他方で，断熱過程(ii)B→C と(iv)D→A に対しては断熱変化の温度と体積の関係(2.65)，すなわち $TV^{\gamma-1}=$一定 が成り立つから

$$T_1 V_B^{\gamma-1} = T_2 V_C^{\gamma-1}$$
$$T_1 V_A^{\gamma-1} = T_2 V_D^{\gamma-1} \tag{3.28}$$

である．これから

$$\frac{V_B}{V_C} = \frac{V_A}{V_D} \tag{3.29}$$

を得る．したがって気体温度計の温度目盛り T_1, T_2 に対して

$$\frac{Q_2}{Q_1} = \frac{T_2}{T_1} \tag{3.30}$$

が成り立つことがわかる．これは熱力学的絶対温度に対する式(3.22)と同じである．しかも共に水の3重点を273.16度としているのであるから，気体温度計の温度と熱力学的絶対温度は完全に一致する．▎

3-5　エントロピー

カルノー・サイクルにおいて作業物質が吸収する熱量を正，放出する熱量を負とすることにしよう．こうすると高熱源 T_2 で受けとる熱量は $Q_2\,(>0)$ であり，低熱源 T_1 で放出する熱量の絶対値は $-Q_1\,(Q_1<0)$ である．そして(3.22)は

$$\frac{Q_2}{-Q_1} = \frac{T_2}{T_1} \tag{3.31}$$

と書き直される．これは

$$\frac{Q_1}{T_1} + \frac{Q_2}{T_2} = 0 \tag{3.32}$$

とも書ける．

さて，任意の物体が準静的に任意の変化をおこない，最後にもとの状態に戻ったとする．この準静的なサイクルを図3-5のように多数のカルノー・サイクルに分けたとし，各熱源の温度を $T_1, T_2, \cdots, T_n$ とする．あいつぐカルノー・サイクルで同じ熱源から熱を取ったり，これに熱を与えたりするので，差し引き，各熱源で受けとる熱量を $Q_1, Q_2, \cdots, Q_n$ としよう．ただし物体が熱を受け

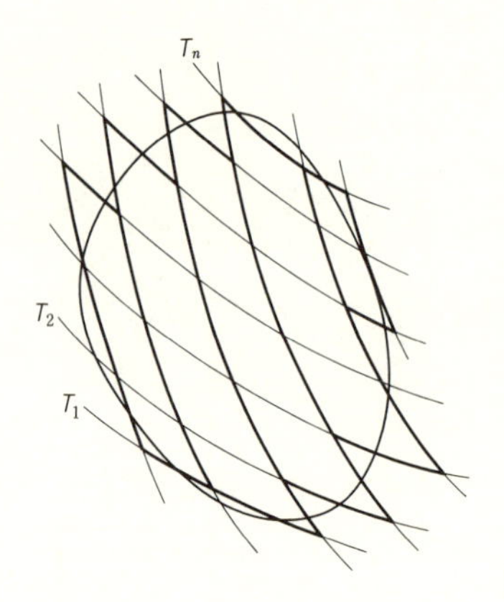

図 3-5

とるときは $Q_j>0$ とし，熱を放出するときは $Q_j<0\,(j=1,2,\cdots,n)$ とする．準静変化は可逆変化であるから，各カルノー・サイクルについて(3.32)が成り立ち，したがって全体として

$$\sum_{j=1}^{n}\frac{Q_j}{T_j}=0 \tag{3.33}$$

が成り立つ．無数のカルノー・サイクルに分けた極限では和 Σ は積分になるので，物体が温度 T で熱量 dQ を受けとるサイクルについて(3.33)を

$$\oint\frac{dQ}{T}=0 \tag{3.34}$$

と書くことができる．$\oint$ は，物体がある状態から変化して，またもとの状態に戻るまでの1サイクルの積分を意味する．

このサイクルの道は任意であるから，1つの状態Aから状態Bを通ってAに戻る過程を考え，図3-6のように道IとIIに分けると，(3.34)は

$$\int_{\mathrm{AIB}}\frac{dQ}{T}+\int_{\mathrm{BIIA}}\frac{dQ}{T}=0 \tag{3.35}$$

と書ける．準静変化IIを逆にたどれば熱の吸収，放出が逆になるので

$$\int_{\mathrm{BIIA}}\frac{dQ}{T}=-\int_{\mathrm{AIIB}}\frac{dQ}{T} \tag{3.36}$$

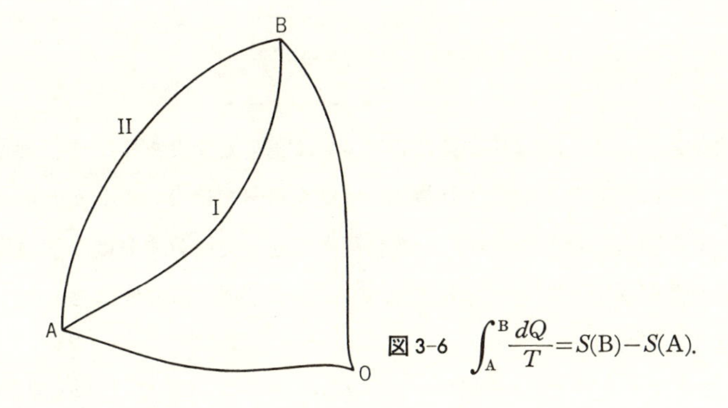

図 3-6　$\int_{A}^{B}\frac{dQ}{T}=S(B)-S(A).$

したがって

$$\int_{A\text{I}B}\frac{dQ}{T}=\int_{A\text{II}B}\frac{dQ}{T} \tag{3.37}$$

となり，$\int_{A}^{B}dQ/T$ は途中の道によらないで，状態Aと状態Bだけできまる．また１つの基準状態Oを考え，準静変化に沿って

$$\begin{aligned}\int_{O}^{A}\frac{dQ}{T}&=S(A)\qquad(\text{準静変化に沿う積分})\\ \int_{O}^{B}\frac{dQ}{T}&=S(B)\qquad(\text{準静変化に沿う積分})\end{aligned} \tag{3.38}$$

とすれば，これらはそれぞれ状態OとA，状態OとBだけできまる．そして

$$\begin{aligned}\int_{A}^{B}\frac{dQ}{T}&=\int_{A}^{O}\frac{dQ}{T}+\int_{O}^{B}\frac{dQ}{T}\\ &=\int_{O}^{B}\frac{dQ}{T}-\int_{O}^{A}\frac{dQ}{T}\end{aligned} \tag{3.39}$$

ゆえに準静変化 A→B の間に温度 T で物体が受けとる熱量を dQ として

$$\boxed{\int_{A}^{B}\frac{dQ}{T}=S(B)-S(A)\qquad(\text{準静変化に沿う積分})} \tag{3.40}$$

を得る．ここで S は状態で定まる量，すなわち状態量である(基準Oのとり方による付加定数が含まれる)．この状態量 S をエントロピーという．その微分は

$$\boxed{dS = \frac{dQ}{T}} \tag{3.41}$$

で与えられる．S は状態量なので dS は完全微分である(2-2節参照)．

すでに知ったように，熱量 dQ は完全微分ではない．しかし絶対温度で割ると完全微分になり，dQ/T を準静変化に沿って積分すれば，状態量 S を与える．絶対温度 T は dQ を完全微分にする因子の逆数(積分分母という)であるということができる．

エントロピー S は状態量であるから，たとえば温度 T と体積 V を変数にとって，エントロピーを T と V の関数 $S(T, V)$ として表わしてもよい．すなわち

$$\int_{(T_0, V_0)}^{(T, V)} \frac{dQ}{T} = S(T, V) \tag{3.42}$$

また内部エネルギー U と体積 V を変数としてエントロピーを U と V の関数とし

$$\int_{(U_0, V_0)}^{(U, V)} \frac{dQ}{T} = S(U, V) \tag{3.42$'$}$$

としてもよい．またエントロピーを圧力 P と体積 V の関数 $S(P, V)$ としてもよい．

(3.41)は

$$\Delta Q = T\Delta S \tag{3.43}$$

とも書ける．したがって定積比熱 C_V，定圧比熱 C_P に対して((2.33), (2.36)参照)

$$C_V = T\left(\frac{\partial S}{\partial T}\right)_V \tag{3.44}$$

$$C_P = T\left(\frac{\partial S}{\partial T}\right)_P \tag{3.45}$$

第1法則により $dQ = dU + PdV$ であるから，(3.41)は

$$\boxed{TdS = dU + PdV} \tag{3.46}$$

と書ける．これは第1法則と第2法則を含む最も中心的な重要な式である．

例として気体のエントロピーを求めよう．

理想気体のエントロピー　理想気体に対しては$(\partial U/\partial V)_T=0$により(2.35)は

$$dQ = C_V dT + PdV \qquad (\text{理想気体}) \tag{3.47}$$

となるから，$PV=RT$を用いて

$$dS = \frac{dQ}{T} = C_V \frac{dT}{T} + R\frac{dV}{V} \tag{3.48}$$

を得る．したがってC_Vを定数とすると次式が得られる．

$$\boxed{S = C_V \log T + R \log V + \text{定数}} \tag{3.49}$$

比熱比$\gamma=C_P/C_V$を用いれば，(2.63)により$R/C_V=\gamma-1$であるから

$$S = C_V \log (TV^{\gamma-1}) + \text{定数} \tag{3.50}$$

とも書ける．さらに$PV=RT$を用いてTを消去すれば

$$S = C_V \log (PV^{\gamma}) + \text{定数} \tag{3.51}$$

とも書ける(Rは定数だから)．

断熱変化では$dQ=0$，したがって$dS=0$あるいは

$$S = \text{一定} \qquad (\text{断熱変化}) \tag{3.52}$$

である．(3.50)，(3.51)によれば断熱変化のとき

$$\left.\begin{aligned} TV^{\gamma-1} &= \text{一定} \\ PV^{\gamma} &= \text{一定} \end{aligned}\right. \tag{3.53}$$

であることがわかる．これらはすでに導いた断熱変化の式である(2-5節参照)．

このように，エントロピーは巨視的状態によって定まるという点でエネルギーと同様に状態量であり，特に準静的な断熱変化では

$$\Delta S = 0 \qquad (\text{断熱準静変化}) \tag{3.54}$$

である．また準静的な等温変化の際のエントロピーの変化は

$$\Delta S = \frac{\Delta Q}{T} \qquad \text{(等温準静変化)} \tag{3.55}$$

によって，出入りする熱量 ΔQ と直接に関係づけられる．

しかしエントロピーという量はさらに重要な性質をもっている．これは不可逆変化の際のエントロピー変化である．これについては次の節でくわしく考察しよう．

問　題

1. 理想気体のエントロピーは

$$S = C_P \log T - R \log P + \text{定数}$$

と書けることを示せ．

2. 温度を一定に保てば，気体のエントロピーは体積とともに増大することを示せ．また，体積を一定に保てば，気体のエントロピーは温度とともに増大することを示せ．

3. カルノー・サイクルの作業物質のもつエントロピーと温度をそれぞれ横軸と縦軸にとると，このサイクルは各辺が軸に平行な矩形で示されることを確かめよ．

3-6 エントロピー増大の法則

前節においては準静変化(可逆変化)を調べたが，この節では不可逆変化を含めた一般の変化について考える．

ある熱機関が温度 T_2 の高熱源から受けとる熱量を $Q_2\,(>0)$ とし，温度 T_1 の低熱源へ放出する熱量の絶対値を $-Q_1\,(Q_1<0)$ とする．このサイクルの効率は(3.13)により

$$\eta' = 1 - \frac{(-Q_1)}{Q_2} = 1 + \frac{Q_1}{Q_2} \tag{3.56}$$

他方で，この2つの熱源の間ではたらく可逆機関の効率は(3.24)により

$$\eta = 1 - \frac{T_1}{T_2} \tag{3.57}$$

である．カルノーの定理により，一般に熱機関の効率は同じ熱源の間ではたら

く可逆熱機関の効率を越えないから，$\eta' \leqq \eta$ であり，したがって

$$\frac{Q_1}{Q_2} \leqq -\frac{T_1}{T_2} \tag{3.58}$$

絶対温度は正であり，また $Q_2>0$ としているので，(3.58)から一般のサイクルに対しては

$$\frac{Q_1}{T_1}+\frac{Q_2}{T_2} \leqq 0 \tag{3.59}$$

が成り立つことがわかる．これを**クラウジウスの不等式**という．不可逆サイクルに対しては不等号が，可逆サイクルに対しては等号が成り立つ．

さて，物体系が可逆サイクルや不可逆サイクルを経て元へ戻ったとしよう．同じ熱源から熱を取ったり，これに熱を与えたりするので，物体系は温度 T_j の熱源からは差し引き熱量 Q_j をもらったとする．差し引き熱源に熱を与えたときは $Q_j<0$ である．そして，熱源 $T_1, T_2, \cdots, T_n$ からもらった熱量をそれぞれ $Q_1, Q_2, \cdots, Q_n$ とすると，クラウジウスの不等式により

$$\sum_{j=1}^{n} \frac{Q_j}{T_j} \leqq 0 \tag{3.60}$$

が成り立つ．あるいは(3.34)と同様に積分の形で

$$\oint \frac{dQ}{T} \leqq 0 \tag{3.61}$$

が成立することになる．ここで $T_j\,(j=1, 2, \cdots, n)$ または分母の T は熱を供給する外界，または熱源の温度である(物体の温度に等しいとは限らない)ことに注意しておこう．

物体が不可逆変化で状態Aから状態Bへ変わったときのエントロピー変化を求めよう(AとBはそれぞれ平衡状態である)．エントロピー変化を求めるにはAからBへ準静的に移る道について考えればよい．可逆変化としては準静変化だけを考えているから，(3.40)は

$$\left(\int_{\mathrm{A}}^{\mathrm{B}} \frac{dQ}{T}\right)_{\text{可逆}} = S(\mathrm{B})-S(\mathrm{A}) \tag{3.62}$$

と書ける．ここで $S(\mathrm{A}), S(\mathrm{B})$ はそれぞれ状態AとBのエントロピーを意味す

る．Aから不可逆変化でBへ移り，可逆変化を逆にたどってAに戻れば，(3.61)により

$$\left(\int_A^B \frac{dQ}{T}\right)_{不可逆}+\left(\int_B^A \frac{dQ}{T}\right)_{可逆}$$
$$=\left(\int_A^B \frac{dQ}{T}\right)_{不可逆}-\left(\int_A^B \frac{dQ}{T}\right)_{可逆} \leqq 0 \tag{3.63}$$

よって

$$\left(\int_A^B \frac{dQ}{T}\right)_{不可逆} \leqq \left(\int_A^B \frac{dQ}{T}\right)_{可逆} = S(\mathrm{B})-S(\mathrm{A}) \tag{3.64}$$

ゆえに一般の変化に対して

$$\int_A^B \frac{dQ}{T} \leqq S(\mathrm{B})-S(\mathrm{A}) \tag{3.65}$$

が成立することがわかる．ここにおいても T は熱を供給する方の温度であり，また物体の受けとる熱量を正としている．微小変化に対しては

$$\frac{dQ}{T} \leqq dS \tag{3.66}$$

可逆変化に対しては等号が成り立つ．

物体が外部から熱を受けとらないとき，すなわち断熱変化のときは $dQ=0$ であるから，一般に断熱変化 A→B に対し

$$\boxed{S(\mathrm{B}) \geqq S(\mathrm{A}) \qquad (断熱変化)} \tag{3.67}$$

微小変化に対しては

$$\boxed{dS \geqq 0 \qquad (断熱系)} \tag{3.68}$$

すなわち，外部と熱のやりとりをしない体系，すなわち断熱系のエントロピーは減少することがない．体系内に不可逆変化が起こったときは断熱系のエントロピーは増大する．これを**エントロピー増大の法則**という．断熱系の中で可逆変化が起こってもエントロピーは変化しない．

平衡状態は，放置したとき，それ以上変化が起こらない状態である．したがって断熱系においては，平衡状態はそれ以上エントロピーが増加しない状態で

なければならない．いいかえると断熱系は平衡状態で最大のエントロピーをもつ．

例題 1　気体が断熱的に真空中へ膨張するとき，その温度は変わらないが，エントロピーは増大することを示せ．

［解 1］　真空中へ膨張するときは外へ仕事をしないので気体の内部エネルギーは変わらない．そして膨張の途中で気体の噴出，流動があるが，ジュールの実験(2-4 節)で示されたように，始めの状態(体積 V_1)の温度 T_1 は膨張後の状態(体積 V_2)の温度 T_2 と同じである．すなわち

$$T_2 = T_1 \ (=T \text{とする})$$

次に真空中へ断熱膨張したときのエントロピーの変化

$$\varDelta S = S_2 - S_1$$

を知るには，始めの状態を終りの状態へ移す準静変化を考えて(3.40)を使用すればよい．このため図 3-7 のようにピストンのついた容器に気体を入れておき，気体を平衡状態に保ちながらピストンを動かして，真空中へ膨張したのと同じ体積 V_2 まで膨張させる．この準静変化において気体はピストンに対して仕事をしているから，これが断熱変化なら，気体のエネルギーは減少し，気体は冷却する．その結果気体の温度が T' になったとすれば(問題 1 参照)，

$$T' < T$$

である(図 3-7 (b)参照．準静変化は可逆変化だから，この断熱過程ではエントロピーは変化していない)．そこで準静変化で気体を終りの状態(V_2, T)にするには，気体に熱量を与えて温度を T まで上げなければならない．この最後の過程で気体のエントロピーは増加する．こうして準静変化によって始めの状態(V_1, T)から終りの状態(V_2, T)へ変化させることによってエントロピーの増加が結論される．この増加は気体が真空中へ膨張する不可逆変化の際のエントロピー変化にほかならない．

［解 2］　ピストンを動かして気体を準静的に膨張させながら温度が低下しないように絶えず熱を加えて，温度を T に保って始めの状態(V_1, T)から終りの状態(V_2, T)へ変化させることもできる．この方がエントロピーの変化は計算

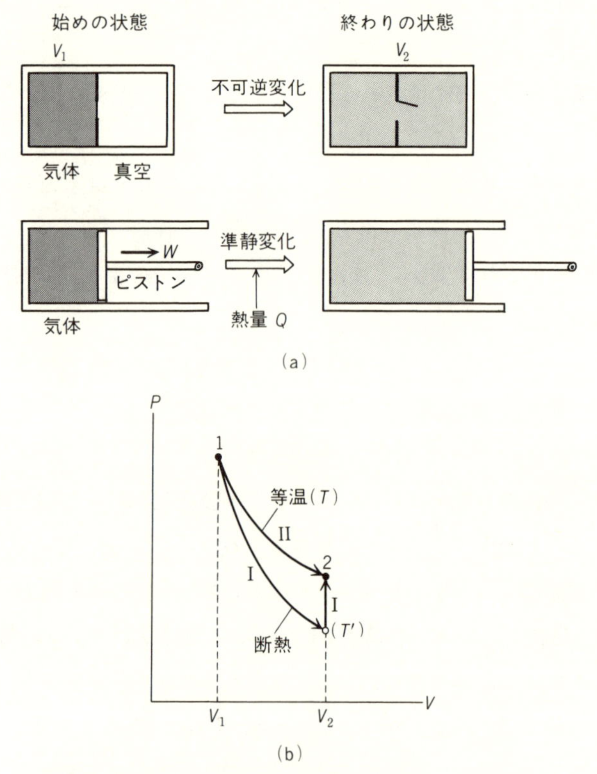

図 3-7 (a)気体の真空中への膨張と仮想的な準静変化. (b)準静変化. Iは［解 1］の過程(断熱変化と等積変化), IIは［解 2］の過程(等温変化, 温度 T).

しやすい. ピストンに対して気体がする仕事をWとすると, 気体に与える熱量QはWに等しく, エントロピーの増加は((3.26)参照)

$$\Delta S = \frac{Q}{T} = \frac{W}{T} = R \log \frac{V_2}{V_1} > 0 \qquad (3.69)$$

で与えられる. ただし気体は1モルであるとした. ［解 1］の方法でエントロピー変化を計算しても, これと同じ結果になるはずであるが, ［解 2］の方が計算は簡単である(問題2参照). ▎

この例題で, 真空中への膨張(不可逆変化)が現実に起こった変化である. これに対し，気体に準静変化をさせるために考えたピストンを動かす装置や気体に熱を与える熱源は，気体のエントロピー変化を知るために導入した仮想的なもの，いわば計算手段であって，真空中への膨張という現実の変化と関係し合うものではないことを注意しておこう．

例題 2　熱伝導で熱が移動する変化でエントロピーが増大することを示せ．

［解］　高熱源 T_2 が熱量 Q を失い，低熱源 T_1 がこの熱量を得たとする．(3.40)を用いてエントロピーの変化を計算するため，この変化を準静的におこなわなければならない．準静変化をおこなうには高熱源と同じ温度の物体(例えばピストンのついたシリンダーに入れた気体)を熱源に接触させて準静的に熱量 Q をとり(気体を膨張させて)，同じように低熱源に準静的に熱量 Q を与える．高熱源 T_2 と低熱源 T_1 $(T_2>T_1)$ のエントロピー変化は

$$\Delta S = \frac{Q}{T_1} - \frac{Q}{T_2} > 0 \tag{3.70}$$

熱伝導が連続的におこなわれて各点の温度がちがう場合でも，各部分に分け，時間的にもこまかく分けて考えれば，同様にエントロピーの増大が結論される．❙

この場合にも，現実の過程は熱伝導で熱が移る不可逆変化であって，準静変化で熱を授受する装置は例題 1 の場合と同様に仮想的なものであることを注意しなければならない．

エントロピーの分子論的な意味　すでに述べたように，熱現象には本質的に不可逆な現象が存在する．摩擦や圧縮によって力学的な仕事が熱に変わる現象，気体が真空中へ広がる現象，熱伝導によって熱が高温から低温へ流れる現象などは不可逆である．これらの現象が断熱的におこなわれるときは，エントロピーは増大する．その他にも 2 種類の気体や液体が自然に混じる現象も不可逆であり，エントロピーが増大する現象であることが示される．

エントロピーという量は内部エネルギーと同様に巨視的な状態で定まる量，すなわち状態量であり，物体の量に比例する示量変数である．エントロピーは内部エネルギーよりさらにわかりにくい量であるのは確かであるが，物体系の

エントロピー

エントロピーはわかりにくいものの代名詞のようにいわれることがある．だがあまり悪者あつかいしないでほしい．今の時代はエネルギーを問題にするよりもエントロピーを問題にしなければならない時代であるともいうから，どうしてもエントロピーにはおつきあいを願わなければならないのである．

熱力学的なエントロピーは物質の内部の変化を見ないで論じるために抽象的でわかりにくいかも知れない．これに対し第５章以下で学ぶ分子論や統計力学は物質内部の分子のようすと関係づけてエントロピーを扱うので，もうすこし具象的でわかりやすい．すこしさきどりして，分子論的な考え方でエントロピーを説明しておこう(後の 6-7 節参照)．たとえば小さな容器に閉じこめられていた気体を真空の大きな容器につないで栓を開ければ，自然に容器全体に広がるのでエントロピーが増大する．気体の分子は小さな容器の中にあるときは動きまわる領域が制限されているが，大きな容器では分子が無秩序に分布する領域が広く，エントロピーは大きいのである．この意味では本やノートが机の上にあって，きちんと平行におかれているという制限を受けている状態に比べて，部屋の中に乱雑にある方がエントロピーは大きいということもできる．エントロピーは「乱雑さの度合い」あるいは「無秩序の程度」を表わすものであるというわけである．

気体が小さな容器につめられているときは圧力も高く，この圧力でピストンを動かせば仕事をすることができるが，ピストンを押して動かしたあとでは気体は広がってしまって，それだけ仕事をする能力も減ってしまう．気体の温度が一定に保たれるとその内部エネルギーは同じだが広がったためにエントロピーが増大した状態では，仕事をする能力は減っていることになる．大ざっぱないい方だが，エントロピーの増大とは，使えないエネルギーの増加を指すものであるともいえるのである．気体が真空中へ広がるような非可逆過程でエントロピーが増大したときは，エネルギーは減らなくても，使えるエネルギーが減ってしまうことになる.

熱力学では内部エネルギーUから絶対温度TとエントロピーSの積TSを引いた量$F=U-TS$を自由エネルギーという(後の(6.28)参照). 圧力をPとすると(3.46)により$\Delta U=-P\Delta V+T\Delta S$なので, $\Delta F=-P\Delta V-S\Delta T$. したがって, 等温変化で外へする仕事は$P\Delta V=-\Delta F$であり, 自由エネルギーの減少だけの仕事をさせることができる. とり出せる仕事の量は内部エネルギー自身ではなく, Fの変化量なのである. 自由エネルギーという名は自由にとり出せるエネルギーという意味である. これは誤解をまねきやすいので, この言葉にこだわらない方がよいが, 内部エネルギーはあっても使えなくなった部分TSが増大していくというのがエントロピー増大の定理の大ざっぱな意味であるということもできる.

エントロピー増大の定理により, 自然界は絶えずエントロピーの増す方へ一方向きの変化をしている. エントロピー増大の向きと時間の向きとは同じであり, これは時間というものを考える上で大きな意味をもつように思われる. 自然界には結晶の成長, 生物の生長のように秩序が生じ, エントロピーが局所的には減少する現象もあるが, これらは周囲のより大きなエントロピー増加によってあがなわれているのである.

不可逆変化の向きを表わすのに適した物理量である. 熱現象では, 一般に物質が広がり, 一様になっていく方向へ変化する. エントロピーはこれに関係のある量であって, 場所によって温度や圧力, あるいは物質の濃度などがちがう状態よりも, 一様に混ざり合った状態の方がエントロピーが大きいということになる. このことは物質の分子論的な構造を考えるともっと明らかにされる. これは次の章以後で論じることであるが, 分子論的(ミクロ的)にいえば, 乱雑に混じり合って一様になる方向へ自然は変化し, それにつれてエントロピーは大きくなる. いわば, エントロピーは乱雑さ, 一様さを表わすものである.

問題

1. 例題1において，気体の定積比熱 C_V が温度によらないとし，比熱比を γ とすると

$$\frac{T}{T'} = \left(\frac{V_2}{V_1}\right)^{\gamma-1} = \left(\frac{V_2}{V_1}\right)^{R/C_V}$$

であることを示せ.

2. 上の問題1の結果を用い，例題1の［解1］の過程(図3-7(b)の過程I)によりエントロピーの変化 ΔS を計算し，これが［解2］と同じ結果を与えることを確かめよ.

3-7 熱力学的関係式の例

エントロピーは状態量であるから，内部エネルギー U と V の関数として $S=S(U, V)$ と書ける((3.42′)参照). これを微分すれば

$$dS = \left(\frac{\partial S}{\partial U}\right)_V dU + \left(\frac{\partial S}{\partial V}\right)_U dV \tag{3.71}$$

を得る. 他方で(3.46)により

$$dS = \frac{dQ}{T} = \frac{1}{T}dU + \frac{P}{T}dV \tag{3.72}$$

したがって(3.71)と(3.72)を比べて，関係式

$$\boxed{\left(\frac{\partial S}{\partial U}\right)_V = \frac{1}{T}, \quad \left(\frac{\partial S}{\partial V}\right)_U = \frac{P}{T}} \tag{3.73}$$

を得る. また(3.46)，あるいは(3.72)を書き直すと

$$dU = TdS - PdV \tag{3.74}$$

を得る. そこで内部エネルギー U をエントロピー S と体積 V の関数 $U(S, V)$ と見ると

$$dU = \left(\frac{\partial U}{\partial S}\right)_V dS + \left(\frac{\partial U}{\partial V}\right)_S dV \tag{3.75}$$

したがって(3.74)と比べて

$$\left(\frac{\partial U}{\partial S}\right)_V = T, \quad \left(\frac{\partial U}{\partial V}\right)_S = -P \tag{3.76}$$

を得る．(3.76)第1式の左辺と(3.73)第1式の左辺はたがいに逆数であることがわかるが，これらの式で V は定数のように扱われているから，これは当然である．

例題1　(3.71)と(3.73)を用いて(3.76)第2式を導け．

［解］　(3.71)を

$$\Delta S = \left(\frac{\partial S}{\partial U}\right)_V \Delta U + \left(\frac{\partial S}{\partial V}\right)_U \Delta V \tag{3.77}$$

と書き，エントロピー変化のない場合，すなわち $\Delta S=0$ の場合を考えると

$$\left(\frac{\partial S}{\partial U}\right)_V \frac{\Delta U}{\Delta V} + \left(\frac{\partial S}{\partial V}\right)_U = 0 \qquad (S = \text{一定}) \tag{3.78}$$

を得る．ここで $\Delta U/\Delta V$ は $S=$一定 の条件における微係数であるから

$$\left(\frac{\Delta U}{\Delta V}\right)_{S=\text{一定}} = \left(\frac{\partial U}{\partial V}\right)_S \tag{3.79}$$

である．ゆえに

$$\left(\frac{\partial S}{\partial U}\right)_V \left(\frac{\partial U}{\partial V}\right)_S + \left(\frac{\partial S}{\partial V}\right)_U = 0 \tag{3.80}$$

したがって

$$-\left(\frac{\partial U}{\partial V}\right)_S = \frac{\left(\dfrac{\partial S}{\partial V}\right)_U}{\left(\dfrac{\partial S}{\partial U}\right)_V} \tag{3.81}$$

あるいは(3.73)を用いて右辺を書き直すと

$$-\left(\frac{\partial U}{\partial V}\right)_S = P \tag{3.82}$$

となり，(3.76)第2式が再現された．なお $dS=0$ として(3.71)を

$$\left(\frac{\partial S}{\partial U}\right)_V + \left(\frac{\partial S}{\partial V}\right)_U \left(\frac{\partial V}{\partial U}\right)_S = 0 \tag{3.83}$$

と書けば，同様にして

$$-\left(\frac{\partial V}{\partial U}\right)_S = \frac{1}{P} \tag{3.84}$$

を得る．したがって

$$\left(\frac{\partial U}{\partial V}\right)_S = \frac{1}{\left(\dfrac{\partial V}{\partial U}\right)_S} \tag{3.85}$$

を得るが，この両辺ではエントロピーを定数のように見て微分しているから，微係数 $\partial U/\partial V$ が $\partial V/\partial U$ の逆数であるのは当然である．▎

エントロピーは温度 T と体積 V の関数と見ることもできるので

$$dS = \left(\frac{\partial S}{\partial T}\right)_V dT + \left(\frac{\partial S}{\partial V}\right)_T dV \tag{3.86}$$

と書ける．他方で $dQ=dU+PdV$，すなわち(2.29)を用いて

$$dS = \frac{dQ}{T} = \frac{1}{T}\left(\frac{\partial U}{\partial T}\right)_V dT + \frac{1}{T}\left\{\left(\frac{\partial U}{\partial V}\right)_T + P\right\} dV \tag{3.87}$$

とも書けるわけである．この2式を比べれば，ただちに

$$C_V = \left(\frac{\partial U}{\partial T}\right)_V = T\left(\frac{\partial S}{\partial T}\right)_V \tag{3.88}$$

($C_V = T(\partial S/\partial T)_V$ は $dQ=TdS$ からも直接得られる)および

$$\frac{1}{T}\left\{\left(\frac{\partial U}{\partial V}\right)_T + P\right\} = \left(\frac{\partial S}{\partial V}\right)_T \tag{3.89}$$

を得る．

2次の偏微分係数に対する関係

$$\frac{\partial^2 S}{\partial V \partial T} = \frac{\partial}{\partial V}\left(\frac{\partial S}{\partial T}\right)_V = \frac{\partial}{\partial T}\left(\frac{\partial S}{\partial V}\right)_T \tag{3.90}$$

を用いれば(3.88)，(3.89)により

$$\frac{\partial}{\partial V}\left(\frac{1}{T}\frac{\partial U}{\partial T}\right) = \frac{\partial}{\partial T}\left\{\frac{1}{T}\left(\frac{\partial U}{\partial V} + P\right)\right\} \tag{3.91}$$

この両辺を計算すると

$$\boxed{\left(\frac{\partial U}{\partial V}\right)_T = T\left(\frac{\partial P}{\partial T}\right)_V - P} \tag{3.92}$$

を得る．これは直接測定できない $(\partial U/\partial V)_T$ すなわち内部エネルギーの体積変化を，圧力 P の測定から求めることを可能にする重要な関係式である．

さらに(3. 92)を(3. 89)の左辺に代入すれば

$$\boxed{\left(\frac{\partial S}{\partial V}\right)_T = \left(\frac{\partial P}{\partial T}\right)_V} \tag{3. 93}$$

を得る．これはエントロピーの体積変化を測定しやすい圧力の温度変化に結びつける式である．

2次の偏微分係数に対する式(3. 90)からこのように興味深く重要な式が得られることがわかったわけである．この方法で導かれる(3. 93)などの関係式を一般に**マクスウェル**(Maxwell)**の関係式**という．

理想気体の内部エネルギー　ボイル-シャルルの法則 $PV=RT$ が成り立つとすると，$V(\partial P/\partial T)_V=R$．したがって

$$T\left(\frac{\partial P}{\partial T}\right)_V = \frac{RT}{V} = P \qquad (\text{理想気体}) \tag{3. 94}$$

であるから，(3. 92)により

$$\left(\frac{\partial U}{\partial V}\right)_T = 0 \qquad (\text{理想気体}) \tag{3. 95}$$

を得る．したがって内部エネルギーが体積によらないことはボイル-シャルルの法則から導かれるもので，独立な事柄でないことがわかる．理想気体の性質としてはボイル-シャルルの法則 $PV=RT$ が熱力学的絶対温度 T を用いて成り立てば，さらに $(\partial U/\partial V)_T=0$ を要請する必要はないことになる．

例題 2

$$C_P - C_V = T\left(\frac{\partial P}{\partial T}\right)_V \left(\frac{\partial V}{\partial T}\right)_P \tag{3. 96}$$

および

$$C_P - C_V = TV\frac{\alpha^2}{\kappa} \tag{3. 97}$$

を証明せよ．ただし α は体膨張率(2. 40)であり，

$$\kappa = -\frac{1}{V}\left(\frac{\partial V}{\partial P}\right)_T \tag{3. 98}$$

は温度を一定に保ったときの圧力による体積変化の割合い(等温圧縮率)である．

［解］ (2.39)に(3.92)を代入すれば(3.96)を得る．次に $V=V(T, P)$ に対して

$$dV = \left(\frac{\partial V}{\partial T}\right)_P dT + \left(\frac{\partial V}{\partial P}\right)_T dP$$

よって $V=$一定 $(dV=0)$ とすると

$$\left(\frac{\partial V}{\partial T}\right)_P + \left(\frac{\partial V}{\partial P}\right)_T \left(\frac{\partial P}{\partial T}\right)_V = 0$$

$$\therefore \quad \left(\frac{\partial P}{\partial T}\right)_V = \frac{(\partial V/\partial T)_P}{-(\partial V/\partial P)_T} = \frac{\alpha}{\kappa} \tag{3.99}$$

(2.40), (3.99)を用いて(3.96)を書き直せば(3.97)を得る．▎

問　　題

1. $dU=TdS-PdV$ を用い，エンタルピー $H=U+PV$ に対して

$$dH = TdS + VdP$$

したがって

$$\left(\frac{\partial H}{\partial S}\right)_P = T, \quad \left(\frac{\partial H}{\partial P}\right)_S = V$$

を示せ．

2. 上の問題1の結果を用いて

$$\left(\frac{\partial V}{\partial S}\right)_P = \left(\frac{\partial T}{\partial P}\right)_S$$

を証明せよ．

3. $F=U-TS$ (自由エネルギー)とおくと

$$dF = -SdT - PdV$$

となることを示し，これを用いて(3.93)を証明せよ．

気体と分子

物質が分子からできているという考えは古代ギリシアからあった．ニュートンもそのように考えていたらしい．物質の化学変化の法則が比較的早くから知られ，19 世紀にはこれらの法則を説明するのには原子というものを考えると都合がよいことが知られていた．しかし，物理学で分子を考えて，数量的に物質の性質と取り組みはじめたのは，気体の物理的性質を説明しようとする努力からであった．気体の分子の運動を考えると，気体の圧力が説明できる．物質の性質や熱現象は分子や原子によって理解しやすくなることが多い．

4-1 気体の圧力

物質を構成する分子の運動を力学的に扱って物質の種々の性質を説明しようとする理論を**分子運動論**という．特に気体の圧力，拡散，粘性，熱伝導などを分子論的に取り扱う理論は**気体分子運動論**(kinetic theory of gases)という．

気体には多数の種類があるが，あまり圧力が高くなければ，すべて同じようにボイル-シャルルの法則にしたがう．固体や液体に比べて気体は希薄であるから，気体における分子間の距離は平均として分子の大きさよりもはるかに大きく，各分子はほとんど自由に無秩序に運動しているとしてよいだろう．気体の圧力は分子が容器の壁にあたって跳ね返るときに壁に与える力によるもので，この力を計算するには分子の大きさは関係なく，分子を力学的な質点として扱ってもよいわけである．このように抽象化してみれば，気体は無秩序に運動しているおそらく非常に多数の質点と考えてよいことになる．そして気体の種類のちがいは，分子の質量に相当する質点の質量の差違としてだけ残されることになる．すべての気体が同じようにボイル-シャルルの法則にしたがうという事実は，圧力を計算する上ではすべての気体を分子の大きさや形のちがいを無視して質点の集まりとみなしてよいということを意味している．

物理学では自然に存在する体系のある側面の特徴を簡明にとらえるため，条件の理想化をおこなう．その結果，自然の体系の代りとして**模型**(モデルという)を扱うこととなる．

理想気体のモデルとして質点の集合を考える．これは分子の大きさが無視できるほど希薄になった実在気体の極限に対応する．しかし分子どうしは互いに頻繁に衝突しあって，エネルギーおよび運動量のやりとりをおこなっているものとする．その結果，分子の分布——場所についても運動量についても——は十分乱雑になっていると考える．

いま気体をシリンダーに入れてピストンで閉じこめてあるものとしよう(図4-1)．気体分子はピストンに衝突したときだけピストンに力を及ぼす．このた

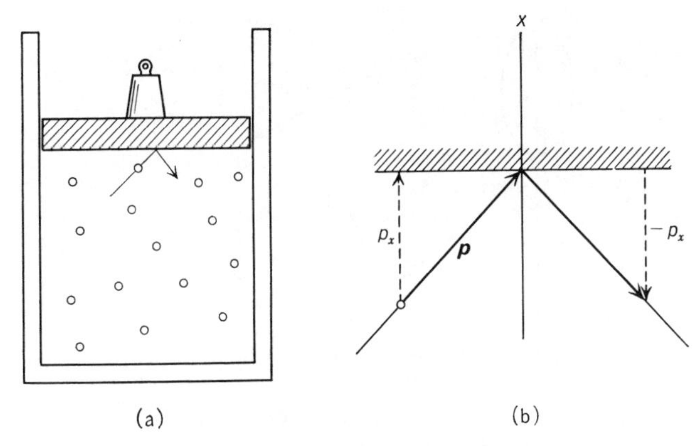

図 4-1 (a)気体のモデル．(b)ピストンに衝突する分子．

めピストンは気体分子から極めて速く変動する力を受けることになるが，実際にはこの力の平均だけが気体の圧力として観測される．いいかえれば，分子がピストンに及ぼす力は絶えず変動するミクロ的な力であるが，観測されるのは巨視的な平均の圧力である．

圧力の計算　ピストンに垂直な方向を x 軸にとる(図 4-1(b))．気体分子は容器の中でさまざまな運動をしているが，運動量 $\boldsymbol{p}$ の x 成分が正すなわち $p_x>0$ である分子は，ピストンに衝突したのち，その運動量の x 成分は $-p_x$ になる．すなわち，衝突の前後での変化は $2p_x$ である．ただし気体分子と壁との衝突は弾性的であって，鏡の正反射の法則に従うものとする．

さて，ピストンが気体に接する面の一部を考え，その面積を dA とする．短い時間 dt に dA に衝突する運動量 $\boldsymbol{p}$ の分子の数を考えよう．分子の速度 $\boldsymbol{v}$ (運動量 $\boldsymbol{p}$ に平行)の x 成分を v_x とすると，運動量 $\boldsymbol{p}$ の方向に沿って dA の上に区画した体積 $v_x dt\cdot dA$ の中にある分子は dt 時間内に dA に衝突する(図 4-2)．なぜなら，この斜めの筒の天井のところにあったこの種の分子が，dt 時間後に，最後に dA に衝突するからである．

したがって運動量 $\boldsymbol{p}$ をもった分子の数を単位体積に対して $n(\boldsymbol{p})$ とすれば，dA で dt 時間内におこる運動量変化の大きさは

$$\sum_{p_x>0}(2p_x)\cdot n(\boldsymbol{p})v_x dtdA = 2\sum_{p_x>0}n(\boldsymbol{p})p_x v_x dAdt \qquad (4.1)$$

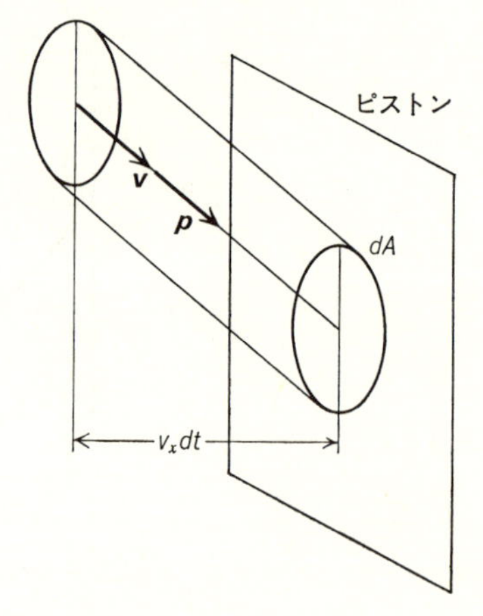

図 4-2　ピストンに対する気体分子の衝突.

で与えられる．ただし和はいろいろの $\boldsymbol{p}$ についてとるが，これから dA に向かっていくもの，つまり $p_x>0$ のものだけに限ってとる．

他方，気体の圧力を P とすると，ピストンが静止しているため，ピストンは同じ大きさの圧力 P を気体に及ぼしていることになる．したがって，ピストンの一部の dA は $F=PdA$ の大きさの力を気体に及ぼしているわけで，この時間内に気体に加えた力積は $Fdt=PdAdt$ となる．これは運動量の変化(4.1)と等しい(力学によれば力積はこの力による運動量の変化に等しい)わけであるから，

$$P = 2\sum_{p_x>0} n(\boldsymbol{p})p_x v_x \tag{4.2}$$

を得る．これはまた，

$$P = 2\sum_{\substack{\text{単位体積} \\ p_x>0}} p_x v_x \tag{4.3}$$

の形の，分子各個についての和の形にかける．和は単位体積中の $p_x>0$ の分子すべてについてとるという意味である．

さて，気体の性質は方向によらないから，運動量が $\boldsymbol{p}$ の分子の数と $-\boldsymbol{p}$ の分子の数は等しいとみなせる．さらに，$p_x<0$ のものは $v_x<0$ であるから，$p_x>0$ の条件をはずし，$p_x<0$ の分子についても加える代りに2で割って

$$P = \sum_{\text{単位体積}} p_x v_x \tag{4.4}$$

とかくことができる．あるいは気体の体積 V をかけて

$$PV=\sum p_x v_x \tag{4.5}$$

の形に導ける．このとき右辺の和は体積 V の中にあるすべての分子について $p_x v_x$ という量を加え合わせるという意味になる．

この右辺をもうすこし変形しよう．全体として分子の運動はどの方向にも偏っていないので，分子の運動は x, y, z の3方向で同様である．したがって i 番目の分子の運動量を $\boldsymbol{p}_i$，速度を $\boldsymbol{v}_i$，それらの x 成分を p_{ix}, v_{ix} などとかけば

$$\begin{aligned} PV &= \frac{1}{3}\sum_i (p_{ix}v_{ix}+p_{iy}v_{iy}+p_{iz}v_{iz}) \\ &= \frac{1}{3}\sum_i \boldsymbol{p}_i\cdot\boldsymbol{v}_i \end{aligned} \tag{4.6}$$

となる．ここで簡単のためすべての分子の質量が等しく m であるとすれば，$\boldsymbol{p}_i=m\boldsymbol{v}_i$ なので，i 番目の分子の速さを v_i とすれば

$$E=\sum_i \frac{m}{2}v_i{}^2=\frac{1}{2}\sum_i \boldsymbol{p}_i\cdot\boldsymbol{v}_i \tag{4.7}$$

は気体のもつエネルギーである．したがって(4.6), (4.7)から

$$PV=\frac{2}{3}E \tag{4.8}$$

を得る．熱力学では，体系が巨視的には静止している(つまり系全体としては運動していない)ときに系がもつエネルギーを**内部エネルギー**(internal energy)といい，U で表わす．ここの E は U と同一視できるから

$$\boxed{PV=\frac{2}{3}U} \tag{4.9}$$

と表わせる．この関係を**ベルヌーイの定理**(Bernoulli's theorem)という．

例題1 x, y, z 軸に平行な立体に気体が入っているとする．単位体積内の分子数を n とし，その1/6ずつが x, y, z 軸の正負の6方向に同じ速さ v で走っているとして気体の圧力を計算せよ．

［解］ 分子の質量を m とする．x 軸に垂直な容器の壁の1つを考えると，その単位面積に単位時間に衝突する分子数は $\dfrac{n}{6}v$ である．衝突によって各分子

は運動量の変化 $2mv$ を受けるから，壁の単位面積が単位時間に気体分子に与える運動量変化の総和，すなわち圧力は

$$P = \frac{n}{6}v\cdot 2mv = \frac{1}{3}nmv^2$$

容器の体積を V，分子の総数を N とすれば $n=N/V$．したがって

$$PV = \frac{1}{3}Nmv^2 = \frac{2}{3}E$$

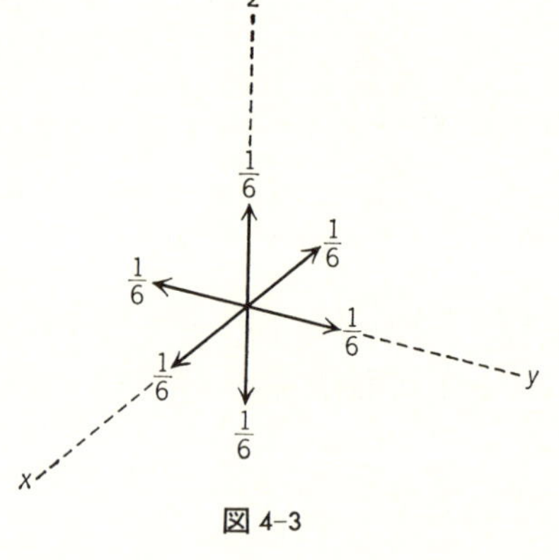

図 4-3

ここで $E=\frac{1}{2}Nmv^2$ は運動エネルギーの総和であり，上式はベルヌーイの定理を表わしている(このように気体分子の運動を簡単化したモデルでも，ベルヌーイの定理は数係数まで正しく与えられたのである)．❙

問　　題

1.　光は光子という粒子(電磁場の量子)からなると考えられる．光子1個のエネルギー ε と運動量 p の間の関係は

$$\varepsilon = cp \tag{1}$$

で与えられる．ただし c は光速度である．熱放射を光子の集合だと考え，(4.6)を応用して，熱放射の圧力は

$$P = \frac{1}{3}\frac{U}{V} \tag{2}$$

で与えられることを示せ．

2.　体積 V の中に2種類の気体があるときの圧力を P とすると

$$PV = \frac{1}{3}\sum_{i=1}^{N_1} m_1 {v_{1i}}^2 + \frac{1}{3}\sum_{j=1}^{N_2} m_2 {v_{2j}}^2$$

が成り立つことを示せ．ただし，m_1, N_1 と m_2, N_2 はそれぞれの気体分子の質量と分子の数，v_{1i}, v_{2j} はそれぞれの気体分子の速度である．

4-2　理想気体の分子運動と温度

気体は非常に小さな分子の集まりであり，すでに学んだように，気体分子が壁に衝突して壁に与える力が圧力の原因である．ベルヌーイの定理(4.9)によれば，気体の圧力 P と体積 V の積は気体分子の運動エネルギーに比例する．すなわち

$$PV=\frac{2}{3}U \tag{4.10}$$

が成り立つ．ここで U は気体分子の運動エネルギーの総和である．

ベルヌーイの定理(4.10)とボイル-シャルルの法則 $PV=RT$ (1.5) を比べれば，気体分子の運動エネルギーの平均は気体の絶対温度 T に比例することがわかる．このように，気体の温度は気体分子の運動エネルギーに比例し，したがって，温度は分子運動のはげしさをあらわすことになる．

気体定数　温度が 0°C で，圧力が 1 気圧(これを**標準状態**という)のとき 22.414 l を占める気体の量をその気体の **1 モル**(mole, 記号 mol)という．すなわち 1 モルの気体に対し，理想気体の状態式を

$$\boxed{PV=RT} \tag{4.11}$$

とかき，R を**気体定数**(gas constant)という．

アボガドロの法則(Avogadro's law)によれば，1 モルの気体には，気体の種類によらず，一定の個数の分子が含まれている．この法則ははじめ気体の化学反応に関する規則性を説明するために仮定されたものであるが，現在では直接たしかめられた事実として認められている．1 モルの気体中に含まれる分子の個数は

$$\boxed{N_{\mathrm{A}}=6.022\times10^{23}/\mathrm{mol}} \tag{4.12}$$

である．これを**アボガドロ数**(Avogadro number)といい，また，アボガドロ数だけの分子を含む物質をその物質の 1 モルという．物質 1 モルの質量をグラム

であらわした数値を**分子量**という．分子量は分子1個の質量に比例する．

分子1個の質量をグラム単位で m とし，分子量を M とすれば

$$M = N_{\mathrm{A}} m \tag{4.13}$$

である．

気体定数 R もアボガドロ数 N_{A} も気体の種類によらないから，

$$k = \frac{R}{N_{\mathrm{A}}} \tag{4.14}$$

も物質の種類によらない定数である．k は基礎的な定数で，**ボルツマン定数** (Boltzmann constant) とよばれる．k_{B} とかくこともある．

標準状態の気体では

$$P = 1\,\text{気圧} = 1.0133 \times 10^{5}\ \mathrm{N/m^2}$$

$$T = 273.15\ \mathrm{K}$$

であり，気体1モルに対して

$$V = 22.414 \times 10^{-3}\ \mathrm{m^3/mol}$$

であるから，これらの値を用いれば，(4.11)により

$$R = \frac{PV}{T} = 8.314\ \mathrm{J/(mol \cdot K)}$$

$$= 1.986\ \mathrm{cal/(mol \cdot K)}$$

を得る．さらに

$$k = \frac{R}{N_{\mathrm{A}}} = 1.381 \times 10^{-23}\ \mathrm{J/K}$$

を得る．

気体の分子の速さを v とし，その2乗の平均を $\overline{v^2}$ とする．気体1モルをとり，j 番目の分子の速さを $v_j\,(j=1, 2, \cdots, N_{\mathrm{A}})$ とすれば

$$\overline{v^2} = \frac{1}{N_{\mathrm{A}}} \sum_{j=1}^{N_{\mathrm{A}}} {v_j}^2 \tag{4.15}$$

である．したがって(4.7)は

$$E = \frac{1}{2} N_{\mathrm{A}} m \overline{v^2} = \frac{1}{2} M \overline{v^2} \tag{4.16}$$

これに(4.8)と(4.11)を用いると

$$\frac{1}{2}M\overline{v^2} = \frac{3}{2}RT$$

あるいは両辺を N_A で割って

$$\boxed{\frac{1}{2}m\overline{v^2} = \frac{3}{2}kT} \tag{4.17}$$

を得る.

$$\sqrt{\overline{v^2}} = \sqrt{\frac{3RT}{M}} = \sqrt{\frac{3kT}{m}} \tag{4.18}$$

は分子の速度の 2 乗(速さの 2 乗でもある)の平均の平方根であり，速度の **2 乗平均根**(root mean square)とよばれる．これは気体分子の速さの程度を表わす．上式は分子の速さが絶対温度 T の平方根に比例し，分子の質量の平方根に反比例することを示している．

ここでは気体温度計の目盛り T が気体の種類によらないことや，アボガドロの法則を，経験的な事実として述べてきたが，これらの事実は分子運動に対するもっと基本的な法則から導かれないものだろうかということが問題になってくる．われわれは次の章において，この問題を基礎から考え直すことにする．

例題 1　常温(15°C)において，酸素分子 O_2 の速さは約 470 m/s であり，二酸化炭素分子 CO_2 の速さは約 390 m/s であることを示せ．

［解］　$T=273+15=288$ (K) だから，分子の速度の 2 乗平均根は

$$\sqrt{\overline{v^2}} = \sqrt{\frac{3RT}{M}} = \sqrt{\frac{3\times 8.314\times 10^7\times 288}{M}} \quad \text{(cm/s)}$$

$$= \frac{2700}{\sqrt{M}} \quad \text{(m/s)}$$

酸素の分子量は 32 なので

$$\sqrt{\overline{v^2}} = \frac{2700}{\sqrt{32}} \cong 470 \quad \text{(m/s)}$$

二酸化炭素の分子量は 46 なので

$$\sqrt{\overline{v^2}} = \frac{2700}{\sqrt{46}} \cong 390 \quad \text{(m/s)} \quad ❙$$

問　題

1. 酸素分子1個の質量は約5×10^{-23} gであることを示せ.

2. 標準状態の空気1 cm^3中の分子数は約3×10^{19}個であることを示せ.

3. 単位体積内の分子数をnとすると理想気体の圧力は$P=nkT$と書けることを示せ.

4-3 気体の比熱

われわれは気体のモデルとして質点の集まりを考え，ボイル-シャルルの法則を説明するのに成功した．質点は気体分子を表わすものであり，(4.10),(4.11)によれば，分子の運動エネルギーによる気体の内部エネルギーは，1モルにつき

$$U=\frac{3}{2}RT \tag{4.19}$$

で与えられることがわかる．なお，分子1個の運動エネルギーの平均値は

$$\varepsilon=\frac{U}{N_{\mathrm{A}}}=\frac{3}{2}kT \tag{4.20}$$

したがってボルツマン定数kは温度を1度上げたときの分子の運動エネルギーの増加の程度を表わすわけである.

さて，物体1モルの温度を1度上げるのに要する熱量を**モル比熱**，あるいは単に比熱という．温度をΔTだけ上げるのに必要な熱量をΔQとし，比熱(熱容量)をCとすれば

$$C=\frac{\Delta Q}{\Delta T} \tag{4.21}$$

である.

もしも圧力を一定にしておけば，温度を上げる場合，物体は熱膨張をする．そのため物体内部にも変化が起こるし，膨張によって外へ仕事がなされる．そのため一般に圧力を一定にしたときの方が，体積を一定にしたときよりも，同じ1度だけ温度を上げるのにも，余分の熱量を必要とする．すなわち，圧力を

一定にしたときの比熱と体積を一定にしたときの比熱は異なるのである．いいかえれば，比熱はどのような条件で熱を与えるかによって異なるわけである．そこで，代表的な条件として，体積を一定にしたときと，圧力を一定にしたときの比熱について考え，それぞれの場合について気体の比熱を調べよう．

気体の定積比熱　体積を一定に保つときは外へする仕事はないから，物体に加えた熱量 $\varDelta Q$ はそのまま物体の内部エネルギー $\varDelta U$ となる．すなわち

$$\varDelta Q = \varDelta U \qquad (V = \text{一定}) \tag{4.22}$$

この場合の比熱(定積比熱)は $C_V=(\varDelta U/\varDelta T)\,(V=\text{一定})$ であるから

$$C_V = \left(\frac{\partial U}{\partial T}\right)_V \tag{4.23}$$

この式は気体に限らず，液体でも固体でも成り立つ(2-3 節参照)．

われわれの理想気体のモデルでは内部エネルギーは(4.19)によって与えられ，これは温度だけの関数である．したがってこの理想気体に対しては

$$C_V = \frac{dU}{dT} = \frac{3}{2}R \tag{4.24}$$

となり，R は約 2 cal/(mol·K) であるから，定積比熱は 1 モルにつき約 3 cal/(mol·K) となるわけである．

表 4-1 には気体の比熱の実測値と，これから計算されるモル比熱の値などを示した．5 番目の列が C_V の値である．この値は次に述べる圧力を一定にした比熱(定圧比熱)C_P，および定圧比熱と定積比熱の比 $\gamma=C_P/C_V$ の測定(音速の測定で求められる．p. 85 参照)から求めたものである．

表 4-1 からわかる著しいことは，1 g の比熱は気体によって大きく異なるが，1 モルの値にすると大変よくそろうことが注目される．この著しい結果は，気体に対する分子的なモデルとアボガドロの法則が正しいことの有力な証拠であるといってよいであろう．

さらに表 4-1 をよく見ると，モル比熱の測定値が理論値(4.24)と一致しているのは，ヘリウム He，アルゴン Ar などであり，これらは原子が結合しないでそのまま分子であるもの，すなわちいわゆる単原子分子の気体である．

表 4-1　気体の比熱

		比熱比 γ	定圧比熱 c_P cal/(g·K)	モル定圧比熱 C_P cal/(mol·K)	モル定積比熱 C_V cal/(mol·K)	$\dfrac{C_P-C_V}{R}$
ヘリウム	He	1.66	1.252	5.01	3.02	1.00
アルゴン	Ar	1.68	0.125	4.98	2.99	1.01
水素	H_2	1.41	3.393	6.79	4.80	1.00
窒素	N_2	1.40	0.2475	6.85	4.86	1.00
酸素	O_2	1.40	0.2180	6.98	4.98	1.00
一酸化炭素	CO	1.40	0.248	6.93	4.94	1.00
酸化窒素	NO	1.40	0.2331	6.98	4.99	1.00
塩化水素	HCl	1.40	0.194	7.04	5.05	1.02
塩素	Cl_2	1.36	0.115	7.99	6.00	1.09
水	H_2O	1.32	0.48	8.55	6.56	1.05
二酸化炭素	CO_2	1.30	0.199	8.71	6.72	1.02
アンモニア	NH_3	1.31	0.524	8.79	6.80	1.05
メタン	CH_4	1.31	0.529	8.45	6.46	1.01

比熱比 γ は主に音速測定による．水は 100°C のデータ．
モル比熱 C_P は(g 比熱 c_P)×(分子量)．ヘリウムは 18°C，水は 100°C のデータ．
モル比熱 C_V は C_P/γ により計算．
特に断らない場合は 15°C，1 気圧のデータ．

窒素 N_2，酸素 O_2 などの 2 原子分子の定積比熱は約 5 cal すなわち $C_V \cong (5/2)R$ であり，より複雑な分子の定積比熱はもっと大きい．このように複雑な分子で比熱が(4.24)よりも大きくなるのは，分子の回転や分子内の振動が比熱に寄与するためと考えられる．このような気体では分子を単なる質点と考えてはいけないわけで，気体のモデルもすこし修正しなければならないことになる．

気体分子を質点と考えたときは，直進運動のエネルギーだけがあった．x, y, z の 3 方向の速度成分を v_x, v_y, v_z とし，分子の質量を m とすると，(4.20)は

$$\varepsilon = \frac{m}{2}(\overline{v_x{}^2}+\overline{v_y{}^2}+\overline{v_z{}^2}) = \frac{3}{2}kT \tag{4.25}$$

と書けるわけである(¯は平均を意味する)．3 方向は同等であるから

$$\frac{m}{2}\overline{v_x^2}=\frac{m}{2}\overline{v_y^2}=\frac{m}{2}\overline{v_z^2}=\frac{1}{2}kT \qquad (4.26)$$

を得る．この場合，3 方向に運動するので**自由度**は 3 であり，1 自由度につきそれぞれ $kT/2$ だけのエネルギーが与えられると考えられる．

分子の回転や分子内の振動がある複雑な分子ではこれらの運動のため，直進の運動を含めて分子は 3 よりも大きい自由度をもつと考えられる．そこで分子の自由度 f を

$$\boxed{C_V=\frac{f}{2}R} \qquad (4.27)$$

によって定めよう．もしも f が温度によらないならば内部エネルギーは

$$\boxed{U=\frac{f}{2}RT} \qquad (4.28)$$

となり，分子のエネルギーは

$$\varepsilon=\frac{f}{2}kT \qquad (4.29)$$

となる．ここで R は約 2 cal/(mol·K) であるから，C_V は約 f cal/(mol·K) となるわけである．表 4-1 で 2 原子分子(H_2, N_2 など)の C_V は 5 cal/(mol·K) に近いから，2 原子分子では $f=5$ であることになるが，この場合 $f-3=2$ は分子の回転による自由度であると解釈される．より複雑な分子では一般に $f>5$ であり，これは分子の回転と分子内の振動があるためと考えられる．

(4.26), (4.29) によれば，1 自由度に対して $kT/2$ のエネルギーが付与される．これを**エネルギー等分配の法則**という．ここではこれを比熱のデータから経験的に導いたのであるが，後に統計力学の原理からこれをふたたび議論することになる(6-4 節参照)．

気体の定圧比熱　圧力を一定に保つときは熱膨張による影響がある．体積変化を dV とすると，外部へする仕事は PdV で与えられ，すくなくともこれに相当する熱量を余分に加えなければ，体積一定のときと同じ温度上昇をさせることはできない．この場合，エネルギー保存の法則により，加えた熱量 dQ

は内部エネルギーの増加 dU と外部へする仕事 PdV になるから((2.30)参照)

$$dQ = dU+PdV \tag{4.30}$$

したがって，圧力一定の比熱(定圧比熱)を C_P とすると

$$C_P = \left(\frac{\partial U}{\partial T}\right)_P + P\left(\frac{\partial V}{\partial T}\right)_P \tag{4.31}$$

となる．ここで右辺の添字 P は圧力を一定に保った微分(偏微分)であることを示すものである．

(4.31)は気体に限らず，液体でも固体でも成り立つ．ここで(4.31)の右辺第1項は内部エネルギー U を温度と圧力の関数とみて温度で偏微分したものである．しかし，ふつうは U を温度と体積の関数 $U=U(T, V)$ とみるので，(4.31)をこのままで用いることは少ない(第2章の式(2.13)参照)．

さて，理想気体の内部エネルギーは(4.28)で与えられ，自由度 f は圧力によらないと考えられる．したがって内部エネルギーは温度だけの関数で，圧力によらないから，理想気体に対しては

$$\left(\frac{\partial U}{\partial T}\right)_P = \frac{dU}{dT} = C_V \tag{4.32}$$

が成り立ち，すでに p. 32 で述べたことであるが

$$C_P-C_V = P\left(\frac{\partial V}{\partial T}\right)_P \tag{4.33}$$

となる．さらに理想気体の状態方程式 $PV=RT$ を $P=$一定 として微分すれば

$$P\left(\frac{\partial V}{\partial T}\right)_P = R \tag{4.34}$$

となるから，理想気体では

$$C_P-C_V = R \qquad (\text{理想気体}) \tag{4.35}$$

分子の自由度を f とすれば $C_V=\dfrac{f}{2}R$ であるから

$$\boxed{C_P = \frac{f+2}{2}R} \tag{4.36}$$

が成り立つことになる．この式は自由度 f が温度によって変わる場合，すなわ

ち定積比熱C_Vが温度の関数である場合も成り立つ．常温では自由度fは定数であるが，2原子分子や複雑な分子では自由度fは一般に低温で減少し，高温では増大する．しかしこのような場合でも(4.35)は成り立つわけである(もちろんあまり圧力の大きい気体や液体では気体法則は成り立たないから，(4.34)も(4.35)も成立しない)．

比熱比と音速　気体中を音波が伝わるとき，気体は急速に圧縮されたり膨張させられたりする．圧縮されたところではまわりよりも気体の温度が高くなり，膨張したところではまわりよりも温度が低くなるが，変化が急速なので熱が伝わることはなく，変化は断熱的におこなわれる．音波の伝わる速さ(音速)をcとすると，弾性体の理論により，

$$c = \sqrt{\frac{dP}{d\rho}} \tag{4.37}$$

であることが知られている．ここでρは媒質の密度であり，$dP/d\rho$は密度を変化させるのに必要な圧力変化を意味する．密度ρと体積Vを掛けると質量になり，体積変化をしても質量は一定であるから

$$\rho V = \text{一定} \tag{4.38}$$

これをρで微分すると$V+\rho\dfrac{dV}{d\rho}=0$となる．したがって

$$\frac{dV}{d\rho} = -\frac{V}{\rho} \tag{4.39}$$

を得るので

$$\frac{dP}{d\rho} = \frac{dP}{dV}\frac{dV}{d\rho} = -\frac{V}{\rho}\frac{dP}{dV} \tag{4.40}$$

となる．音波による変化は断熱的におこなわれるからdP/dVは(2.71)で与えられる．よって(4.40)に(2.71)を代入した式

$$\frac{dP}{d\rho} = \gamma\frac{P}{\rho} \qquad \text{(断熱変化)} \tag{4.41}$$

を用いればよい．したがって音速(4.37)は比熱比$\gamma=C_P/C_V$に関係し

$$c = \sqrt{\gamma\frac{P}{\rho}} \tag{4.42}$$

で与えられることになる．音速c，圧力P，気体の密度ρは簡単に測定できるから，音速の測定によって気体の比熱比は容易に求められる．

実測で求められた比熱比は表4-1に示したとおりであって，簡単な分子では比熱比の値は5/3＝1.66…，あるいは7/5＝1.400などに極めて近い．これは，後に6-4節で述べるように気体の分子の構造と関係のある著しい事実である．

分子の自由度をfとすれば(4.27)と(4.36)により

$$\gamma = \frac{C_P}{C_V} = \frac{f+2}{f} \tag{4.43}$$

あるいは

$$f = \frac{2}{\gamma-1} \tag{4.44}$$

したがって比熱比γの測定値から自由度fが直ちに求められる．

問　題

1. 気体の比熱比が$\gamma=1.67$の分子はどのような自由度の分子か．$\gamma=1.40$の分子ではどうか．

2. 気体の比熱比をγ，分子の自由度をf，定積比熱をC_Vとすれば

$$\gamma = 1+\frac{2}{f} = 1+\frac{R}{C_V}$$

$$C_V = \frac{R}{\gamma-1}$$

が成り立つことを示せ．

4-4 気体の凝縮

気体の分子はほとんど自由に運動しているが，水蒸気が凝縮して水になることからもわかるように，分子はたがいにある種の引力を及ぼし合って集まって，液体や固体になろうとしている．温度が高いと分子の運動がはげしいため液化しないが，気体でも温度が低い場合や強く圧縮されたときには分子の大きさや分子間の相互作用が効いて，理想気体からはずれた性質を示すようになる．こ

れらの効果を考察しよう．

例題1 水を熱すると飽和水蒸気の圧力が1気圧に達し，そのために沸騰が起こる．水が100°Cで1気圧の水蒸気になると，体積は何倍になるか．

［解］ 水1モルについて考えると，0°C，1気圧で22.414 l の体積を占める．これを100°C，1気圧にすると，シャルルの法則により，体積は

$$V_{\text{水蒸気}} = 22.414\times10^3\times\left(1+\frac{100}{273}\right)\mathrm{cm}^3 = 30624\ \mathrm{cm}^3$$

となる．これに対し水の分子量は18であり水1モル(18 g)の体積はだいたい

$$V_{\text{水}} = 18\ \mathrm{cm}^3$$

であるから，これらの比は

$$\frac{V_{\text{水蒸気}}}{V_{\text{水}}} = \frac{30624}{18} \cong 1700$$

すなわち，水は水蒸気になるとほぼ1700倍の体積を占めるようになる．▎

液体や固体は分子が密集した状態であって，液体や固体1モルの体積はアボガドロ数だけの分子の全体積と思って差し支えない．液体が蒸発(固体が昇華)して気体になると水以外の物質でも体積は1000倍以上になるから，分子1個あたりの気体の体積は分子自身の体積の1000倍以上あり，$\sqrt[3]{1000}=10$ であるから，分子の間の距離の平均は分子の直径の10倍以上はなれていることになる(図4-4参照．もちろん分子は描ききれないほど多数である)．

ファン・デル・ワールスの状態式 気体に大きな圧力を加えると，分子はよ

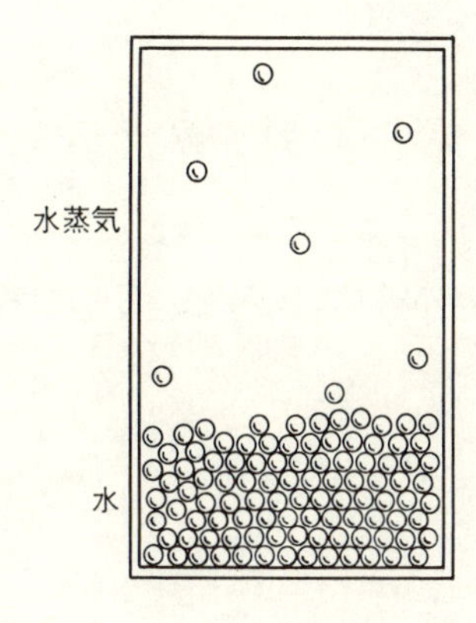

図4-4 水と飽和水蒸気の分子の集まり方の比較．

り密になるから，分子の大きさや分子間にはたらく力は決して無視できなくなる．分子の密度が大きくなると，分子がたがいに衝突する頻度は大きくなる．いいかえると，気体の分子には大きさがあるため自由に運動し得る空間がそれだけ小さくなっていることになる．もしも分子に大きさがなかったら，理想気体の状態方程式 $PV=RT$ が成り立ち，圧力は $P=RT/V$ で与えられる．しかし分子に大きさがあるため，分子が自由に運動し得る空間は容器の体積 V よりも小さく，$V-b$ とみなせる．ここで b は分子を集めた体積程度のもので，したがって液体，あるいは固体の体積程度である．こう考えると，分子の大きさを考慮したときの気体の状態方程式は

$$P=\frac{RT}{V-b} \tag{4.45}$$

となる．R は定数で1モルの気体のときは気体定数である．実際，やや大きな圧力を加えた気体の圧力は，温度が高いとき，だいたいこの式にしたがうことが知られている．ここで b は物質によってちがう定数である．

圧力がそれほど高くなくても，温度が低ければ気体の体積は小さくなる．圧力が大きくなっても体積は小さくなる．こうして気体の体積がやや小さくなると，分子は密集してくるから，分子の間の引力が効いてくる．実際に観測される気体の圧力 P は，分子間の引力がなかったときよりも小さくなっているわけであるが，この減少は分子が密になると著しくなり，近似的な計算によると気体の密度の2乗に比例し，したがって気体1モルではその体積の2乗に反比例する．このため圧力は

$$P=P(\text{引力のない気体})-\frac{a}{V^2} \tag{4.46}$$

で近似されることになるだろう．ここで a は物質によってきまる定数である．(4.45)の P は引力のない気体の圧力であるから，引力を考慮すれば(4.45)は修正されて

$$P=\frac{RT}{V-b}-\frac{a}{V^2} \tag{4.47}$$

となる．書き直すと

$$\left(P+\frac{a}{V^2}\right)(V-b) = RT \tag{4.48}$$

この式はファン・デル・ワールス(Johannes D. van der Waals)がこのような考えから導いた式で，**ファン・デル・ワールスの状態方程式**とよばれる．気体の分子の大きさや，分子間力を考慮した状態方程式はその後いくつも考えられたが，ファン・デル・ワールスの状態方程式は簡単であり，しかも気体の性質をかなりよく表わしている．そのうえ，次に述べるような臨界現象を説明し，その後の気体液化の研究に対して指導的な役割りを果たしたので，特に有名である．

気体の凝縮　ファン・デル・ワールスの状態方程式を(4.47)の形で見ると，圧力は $RT/(V-b)$ と a/V^2 の差で与えられる．温度 T を一定にして圧力 P を

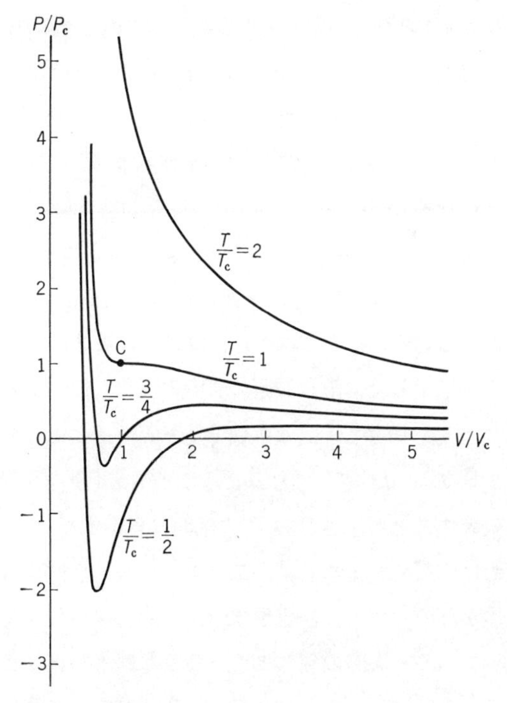

図 4-5　ファン・デル・ワールスの状態方程式の等温線.

体積Vの関数としてプロットすることを考える.

温度Tが十分大きければ，すなわち十分高温では，P-V曲線は絶えず右下がりになる．Vが十分大きいところではa/V^2は$RT/(V-b)$よりも急激に0になるから，曲線は温度によらず，Vの大きいところで右下がりになる．これは十分体積が大きいとき，気体は理想気体とみなせるということである．また，Vがbに近づくと$RT/(V-b)$はいくらでも大きくなるから，Vがbに近いところでは曲線は右下がりになる．しかし，温度が低いときは，Vの中間の値に対して(4.47)は負の圧力を与える．図4-5にこの様子を示した．図中のT_c, P_c, V_cは，すぐ後に述べる定数である.

実際の気体は圧縮しても圧力が負になることはない．そして十分低温の気体を圧縮すると液化する．もしも低温の気体をピストンのついた容器に入れて圧縮すると，気体の一部が液化しはじめる(図4-6)．このときの圧力P_Sはその液体の飽和蒸気圧に等しい．そしてこの圧力のまま圧縮すると気体全部が液体に変わり，この凝縮の間圧力は一定の飽和蒸気圧に等しい．全部が液化した後はそれ以上に圧縮しようとすると急激に圧力が上昇する(膨張させるときは逆の変化をたどることになる).

そこで図4-7のように低温の横S字型の等温線を水平な線分で切って等温線との交わり(図のPとQ)の間は凝縮を表わし，Pは液化のはじまる点，Qは全部が液化された点と考え，Pの右は気体，Qの左は液体の状態を表わしているとすると，図1-4に示した二酸化炭素の実際の変化と似たものになる.

熱力学を用いてこれを調べると，水平線PQと等温線によって囲まれた2つの部分(図のAとB)の面積が等しくなるように水平線PQを引けば，線分PQは気体の凝縮を表わすことが示される(この証明は省略する)．この規則にしたがって各温度における凝縮を定めれば，ファン・デル・ワールスの状態方程式は気体の理想気体からのずれと，液化現象を定性的にはかなりよく表わすことが確かめられる．もちろん実際の気体と比べるときは，物質ごとに適当な定数a, bを選ぶわけである．しかしファン・デル・ワールスの状態方程式は実際の気体の状態を定性的に表わすにとどまり，定量的な一致は望めない(気体の凝

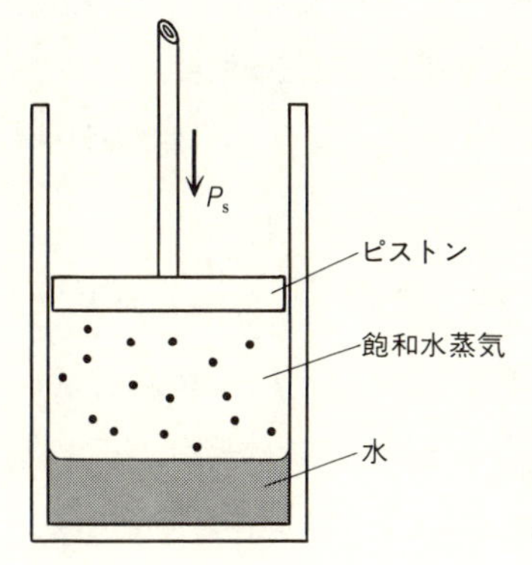

図 4-6 飽和蒸気圧 P_S を加えた凝縮.

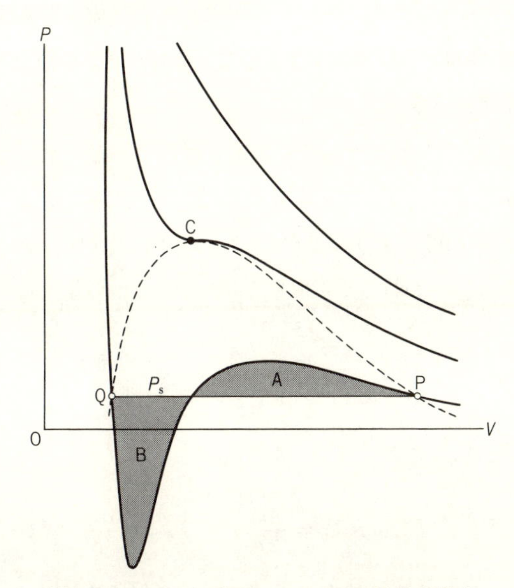

図 4-7 ファン・デル・ワールスの状態方程式による気体の凝縮の説明(P_S は飽和蒸気圧).

縮はこのような解析的な式では表わせないことが知られている). それにもかかわらず, この状態方程式が有名なのは, 次に述べる臨界現象を予見した功績によるものである.

臨界現象　図 4-5 や図 4-7 からわかるように, ファン・デル・ワールスの状態方程式によると, 温度が十分高ければ圧縮につれて, 圧力は単調に増大する．この場合には凝縮は起こらない．凝縮が起こり得る最高の温度は図 4-7 の P 点と Q 点が一致する C 点を通る等温線の温度である．C 点では微係数 $\partial P/\partial V$(温度一定)が 0 になる点が一致するので，2 階微分 $\partial^2 P/\partial V^2$ も 0 になる．すなわち，

$$\left(\frac{\partial P}{\partial V}\right)_T = 0, \qquad \left(\frac{\partial^2 P}{\partial V^2}\right)_T = 0 \tag{4.49}$$

によって図 4-7 の点 C の温度 T_c と圧力 P_c が与えられる．T_c 以下の温度では気体の凝縮が起こるが，T_c 以上の温度では凝縮は起こらない．気体を等温的に圧縮して液化させようとするときは，気体をある温度以下に冷やしておかなければならない．p. 9 ですでに述べたように，この現象を**臨界現象**といい，この温度 T_c を**臨界温度**，圧力 P_c は**臨界圧力**とよばれる．C 点を**臨界点**，このときの体積を**臨界容**という．

例題 2 ファン・デル・ワールスの状態方程式で与えられる臨界温度 T_c と臨界圧力 P_c，臨界容 V_c と定数 a, b のあいだの関係を求めよ．

［解］ (4.47), (4.49) により臨界点 C では $P_c = RT_c/(V_c - b) - a/V_c^2$

$$\left[\frac{\partial P}{\partial V}\right]_c = \frac{-RT_c}{(V_c - b)^2} + \frac{2a}{V_c^3} = 0 \qquad \therefore \quad \frac{RT_c}{(V_c - b)^2} = \frac{2a}{V_c^3}$$

$$\left[\frac{\partial^2 P}{\partial V^2}\right]_c = \frac{2RT_c}{(V_c - b)^3} - \frac{6a}{V_c^4} = 0 \qquad \therefore \quad \frac{RT_c}{(V_c - b)^3} = \frac{3a}{V_c^4}$$

よって $V_c - b = \dfrac{2}{3} V_c$. これより

$$V_c = 3b, \qquad RT_c = \frac{8a}{27b}, \qquad P_c = \frac{a}{27b^2} \quad ▍ \tag{4.50}$$

ファン・デル・ワールスの状態方程式によれば (4.50) から

$$\frac{RT_c}{P_c V_c} = \frac{8}{3} = 2.67 \tag{4.51}$$

となる．この値は a, b によらず，したがって気体の種類によらない．実際の気体ではこの値はだいたい気体の種類によらないが，上の値よりもかなり大きい (表 4-2)．このことはファン・デル・ワールスの状態方程式が実際の気体の状態をよく表わさないことを示している．

表 4-2　臨界値

物質	臨界温度 T_c(K)	臨界圧 P_c(気圧)	臨界容 V_c(cm^3/モル)	$\dfrac{RT_c}{P_cV_c}$
ヘリウム	5.2	2.25	61.6	3.08
水素	33.2	12.8	69.7	3.06
ネオン	44.8	26.86	44.3	3.09
アルゴン	150.7	48.0	77.1	3.35
酸素	154.3	49.713	74.4	3.42
二酸化炭素	304.3	73.0	100.0	3.57
水	647.3	218.5	55.4	3.39

1 気圧$=1.013\times10^5$ N/m^2，R(気体定数)$=8.314$ J/K(4-2 節参照).

ファン・デル・ワールスの状態方程式が提出されたのは 1873 年で，当時は二酸化炭素の臨界現象だけが知られていた(p. 9 参照)．しかし，ファン・デル・ワールスが気体の一般的性質として理解した臨界現象はその後直ちに二酸化炭素以外の気体についても見出され，これ以後の気体の液化と極低温の研究の進歩の基礎になったのである．

問　題

1.　ファン・デル・ワールスの状態式は，還元化された変数

$$v=\frac{V}{V_c},\qquad \pi=\frac{P}{P_c},\qquad \tau=\frac{T}{T_c}$$

を用いると

$$\left(\pi+\frac{3}{v^2}\right)\left(v-\frac{1}{3}\right)=\frac{8}{3}\tau$$

と書けることを示せ(v,π,τ をそれぞれ還元体積，還元圧力，還元温度という)．

2.　$T=$一定 とすると，ファン・デル・ワールスの状態方程式は V に対して 3 次の多項式で表わされることを示せ．$P=$一定 としたとき V はいくつの根をもつか．

5

気体分子の分布確率

気体は固体や液体よりも密度がはるかに小さいから，分子は比較的に希薄であるが，それでもたとえば1リットルの中の分子の数は10^{22}個程度もある．このように多数の分子が存在するので，分子それぞれの運動を調べ上げるのは大変困難で，事実上不可能である．しかし，たとえば大気中の1㎤にどのくらいの数の分子があるかを確率的にいうことはできる．またどのくらいの速さの分子がどのくらいあるかということも，確率的にいうことができるかも知れない．このような確率について考えてみよう

5-1 分子の分布

気体の分子は直進し，たがいに衝突すると進路を変え，力学の法則にしたがって運動している．分子はきわめて多数であるから，容器のなかの分子の分布を力学的にしらべることは大変むつかしいが，容器内のある部分にある分子の数はだいたいその体積に比例するだろう．分子の数がきわめて大きければ，その分布を確率的に考えてもよいことになる．

同じような考えは気体分子の速度についてもいえることである．分子の速さはまちまちで，たがいに衝突するたびに変化する．分子はきわめて多数で，衝突はひんぱんに起こるから，それぞれの分子の速さの変化を追って調べることは実際上できない．しかし，これこれの速度をもった分子の数はどのくらいだろうかということを，確率的に考えることはできる．

しかし，やや抽象的な速度について考えるのはむつかしいから，まず容器の中の気体分子の位置の分布について考えよう．分子は無限に小さく，それぞれ独立に容器の中の各場所に存在し得るとする．容器の全体積 V を n 個の部屋に分割したと考え，それぞれの体積を $V_1, V_2, \cdots, V_n$ とすると(図 5-1)，

$$V_1+V_2+\cdots+V_n = V \tag{5.1}$$

である(j 番目の部屋の体積を V_j とする)．

さて，この容器の中にある分子の総数を N とし，これらの分子を容器の中に

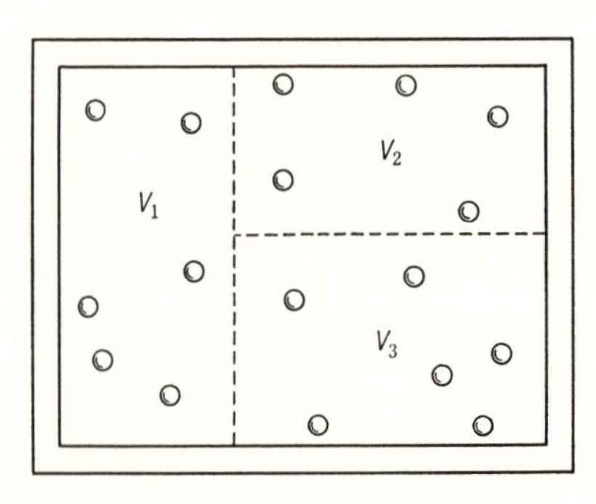

図 5-1 分子の分配．

分配したと考えよう．このとき体積 $V_1, V_2, \cdots, V_n$ の部屋にそれぞれ $N_1, N_2, \cdots, N_n$ 個の分子を入れる分配方法の数を $W(N_1, N_2, \cdots, N_n)$ とする．この分配方法の数を求めるため，分子を分配する過程を2段に分けて考えるとよい．まず N 個の分子を N_1 個，N_2 個，…，N_n 個の分子の組に分け，第2段階では第1組の N_1 個の分子を体積 V_1 の中に，第2組の N_2 個の分子を体積 V_2 の中に，…，第 n 組の N_n 個の分子を体積 V_n の中に分配する．

第1段階で N 個の分子を N_1 個，N_2 個，…，N_n 個の分子の組に分ける方法の数 $C(N_1, N_2, \cdots, N_n)$ を求める．そのため N 個の分子を左から右へ1列に並べ，左端から N_1 個は第1組に，次の N_2 個は第2組に，…，最後の N_n 個は第 n 組に属するものとする．

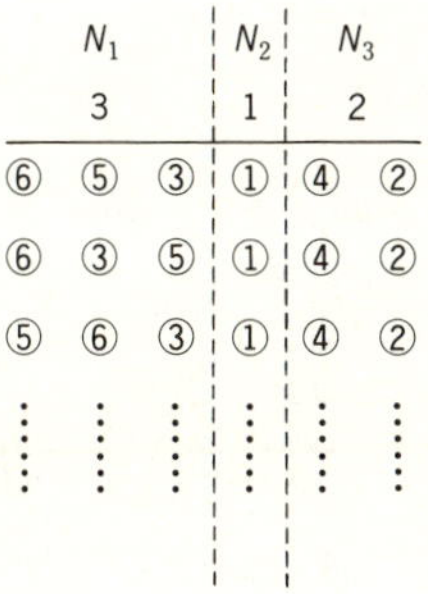

N_1			N_2	N_3	
3			1	2	
⑥	⑤	③	①	④	②
⑥	③	⑤	①	④	②
⑤	⑥	③	①	④	②
⋮	⋮	⋮	⋮	⋮	⋮

図 5-2 分子の分布の例，$N_1=3, N_2=1, N_3=2$.

一例として，図5-2は6個の分子①，②，…，⑥を並べた場合を示している．この第1行のように⑥から始めることも，第3行のように⑤からはじめることもでき，はじめの分子を選ぶ方法は全部で6通りある．2番目におく分子は残りの5個の中の1つで，これを選ぶ方法は5通りある．このように考えれば，6個の分子を1列に並べる方法の数は $6 \cdot 5 \cdots 2 \cdot 1 = 6!$ 通りあることがわかる(これは6個の順列の数である)．さらに考慮しなければならないのは各組の中の分子の並べ方の順序はどうでもよいことである．たとえば図では $N_1=3$ であって，はじめの列では⑥⑤③と並んでいるが，並べ方⑥③⑤，⑤⑥③，⑤③⑥，③⑥⑤，③⑤⑥も③と⑤と⑥が1番目の組に入っていることでは同等で，6通り ($N_1!=3!$ 通り) の並べ方が同等な組み分けを与える．ほかの組についても

同様である．したがって6個の分子を$N_1=3$，$N_2=1$，$N_3=2$の組に分ける方法の数は

$$\frac{6!}{3!1!2!}=60$$

で与えられる．

これを一般化すればわかるように，N個の分子をそれぞれN_1個，N_2個，…，N_n個の組に分ける方法の数は

$$C(N_1, N_2, \cdots, N_n)=\frac{N!}{N_1!N_2!\cdots N_n!} \tag{5.2}$$

ただし

$$N_1+N_2+\cdots+N_n=N \tag{5.3}$$

で与えられる（j番目の組に分子をおかないとき$N_j=0$，その方法は1通りなので$0!=1$とする）．

さて，第2段階として，N_1個の分子を体積V_1の中に，N_2個の分子を体積V_2の中に，…，N_n個の分子を体積V_nの中におく．分子は大変小さいので，その大きさは考えなくてもよいものとしよう．

分子の位置は連続的に変えられるから，一定の体積，例えばV_j内に分子をおく方法の数は無限大であるが，その体積V_jを2倍にすれば分子をおく方法の数は2倍になるのは明らかである．すなわち，分子を一定の体積の中におく方法の数は無限大であるが，その体積に比例する．そこで，連続的な空間に分子をおく方法の数を，その体積で表わすことにしよう．N_j個の分子をそれぞれ独立に体積V_j内におく方法の数は$V_j^{N_j}$で与えられるから，$N_1, N_2, \cdots, N_n$個の分子をそれぞれ体積$V_1, V_2, \cdots, V_n$の中におく方法の数は

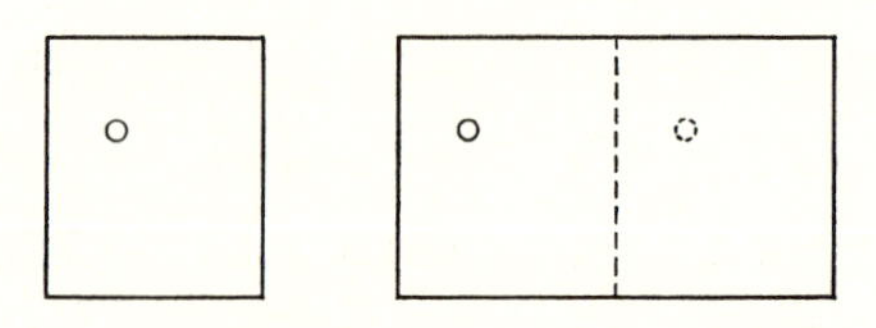

図 5-3　体積を2倍にすれば分子をおく方法の数は2倍になる．

$$V_1^{N_1}V_2^{N_2}\cdots V_n^{N_n} \tag{5.4}$$

で与えられる．

第1段階の各組み分けについて第2段階の分配がなされるから，結局，N 個の分子を $N_1, N_2, \cdots, N_n$ 個の組に分けて各部屋に分配する方法の数は(5.4)に(5.2)を掛けて

$$\boxed{W(N_1, N_2, \cdots, N_n) = \frac{N!}{N_1!N_2!\cdots N_n!}V_1^{N_1}V_2^{N_2}\cdots V_n^{N_n}} \tag{5.5}$$

で与えられる．また，N 個の分子を分配する方法の総数は $N_1+N_2+\cdots+N_n=N$ という制限の下で，$N_1, N_2, \cdots, N_n$ のあらゆるとり方について加えたもので与えられる．このような加え方に対して成立する多項定理($x_1, x_2, \cdots, x_n$ は任意)

$$\sum_{\substack{\{N_j\}\\ N_1+N_2+\cdots+N_n=N}} \frac{N!}{N_1!N_2!\cdots N_n!}x_1^{N_1}x_2^{N_2}\cdots x_n^{N_n} = (x_1+x_2+\cdots+x_n)^N \tag{5.6}$$

を用いれば，分配方法の総数は

$$\sum_{\substack{\{N_j\}\\ N_1+N_2+\cdots+N_n=N}} W(N_1, N_2, \cdots, N_n) = (V_1+V_2+\cdots+V_n)^N = V^N \tag{5.7}$$

と計算される．この総数は容器の全体積 V に N 個の分子を分配する方法の数であるからこの結果は当然である．

特定の分配方法の数をその総数で割れば，その分布の確率になる．したがって，各部屋に N_j 個の分子が分布する確率(**分布確率**)は(5.5)を(5.7)で割った値，すなわち

$$w(N_1, N_2, \cdots, N_n) = \frac{N!}{N_1!N_2!\cdots N_n!}\left(\frac{V_1}{V}\right)^{N_1}\left(\frac{V_2}{V}\right)^{N_2}\cdots\left(\frac{V_n}{V}\right)^{N_n} \tag{5.8}$$

で与えられる．そして分布の全確率は

$$\sum_{\substack{\{N_j\}\\ N_1+N_2+\cdots+N_n=N}} w(N_1, N_2, \cdots, N_n) = 1 \tag{5.9}$$

である．

例題 1　容器の中の一部である体積 V_1 の中にある分子の数 N_1 の平均値が体積 V_1 に比例することは直観的にわかることである．上式を用いて N_1 の平均値 $\overline{N_1}$ が

$$\overline{N_1}=\frac{V_1}{V}N \tag{5.10}$$

で与えられることを確かめよ．

［解］　確率は $w(N_1, N_2, \cdots, N_n)$ であるから，N_1 の平均は

$$\overline{N_1}=\sum_{\substack{\{N_j\}\\N_1+N_2+\cdots+N_n=N}} N_1 w(N_1, N_2, \cdots, N_n) \tag{5.11}$$

(5.8)を用いれば，

$$\overline{N_1}=\sum_{\substack{\{N_j\}\\N_1+N_2+\cdots+N_n=N}} \frac{N!}{(N_1-1)!N_2!\cdots N_n!}\left(\frac{V_1}{V}\right)^{N_1}\left(\frac{V_2}{V}\right)^{N_2}\cdots\left(\frac{V_n}{V}\right)^{N_n} \tag{5.12}$$

ここで $N_1-1=N_1'$，$N-1=N'$ とおけば，$N!=N\cdot N'!$ により

$$\overline{N_1}=\frac{V_1}{V}N\sum_{\substack{N_1', \{N_j\}\\N_1'+N_2+\cdots+N_n=N'}} \frac{N'!}{N_1'!N_2!\cdots N_n!}\left(\frac{V_1}{V}\right)^{N_1'}\left(\frac{V_2}{V}\right)^{N_2}\cdots\left(\frac{V_n}{V}\right)^{N_n} \tag{5.13}$$

$$=\frac{V_1}{V}N\left(\frac{V_1}{V}+\frac{V_2}{V}+\cdots+\frac{V_n}{V}\right)^{N'}=\frac{V_1}{V}N\left(\frac{V_1+V_2+\cdots+V_n}{V}\right)^{N'}$$

$$=\frac{V_1}{V}N \tag{5.14}$$

ここで多項式定理(5.6)を用いた．▎

例題 2　容器の体積 V を体積の等しい 2 つの部屋に分ける．$N=4$ 個の分子の可能な分布につき分配方法の数 $W(N_1, N_2)$，および確率 $w(N_1, N_2)$ を求めよ．

［解］　$N=4$ の場合，一方の部屋に N_1 個の分子が，他の部屋に $N_2=4-N_1$ の分子が入る分配方法の数は($V_1=V_2=1$ とする)

$$W(N_1, 4-N_1)=\frac{4!}{N_1!(4-N_1)!}$$

である．分配の総数は((5.6)で $N=4$，$N_2=4-N_1$，$x_1=x_2=1$ とおく)

$$\sum_{N_1=0}^{4} \frac{4!}{N_1!(4-N_1)!} = (1+1)^4 = 2^4 = 16$$

であり，確率は

$$w(N_1, 4-N_1) = \frac{4!}{N_1!(4-N_1)!}\left(\frac{1}{2}\right)^4$$

である．これらを表にしてみよう(表5-1)．$N=4$, $N_1=2$ の分配の場合の分配方法の数 $W(N_1, 4-N_1)$ は $4!/2!2!=6$ であるが，これを図5-4に示した．❙

表5-1 分配の例($N=4$)

N_1	**分配の方法の数** $W(N_1, 4-N_1) = \frac{4!}{N_1!(4-N_1)!}$	**分布の確率** $w(N_1, 4-N_1) = \frac{4!}{N_1!(4-N_1)!}\left(\frac{1}{2}\right)^4$
0	$\frac{4!}{0!4!} = 1$	$\frac{1}{16}$
1	$\frac{4!}{1!3!} = 4$	$\frac{1}{4}$
2	$\frac{4!}{2!2!} = 6$	$\frac{3}{8}$
3	$\frac{4!}{3!1!} = 4$	$\frac{1}{4}$
4	$\frac{4!}{4!0!} = 1$	$\frac{1}{16}$
	分配方法の総数 16	全確率(総計) 1

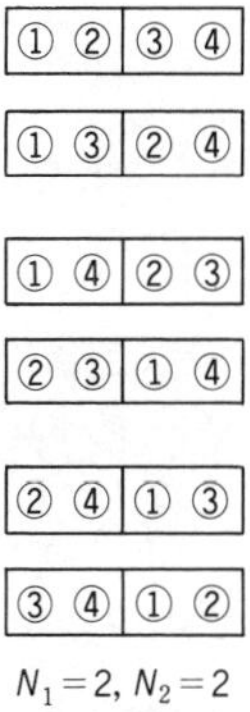

①②	③④
①③	②④
①④	②③
②③	①④
②④	①③
③④	①②

$N_1=2$, $N_2=2$

図5-4 $N=4$, $N_1=2$ の6通りの分配．

問　題

1. 例題2で4個の分子を等しい大きさの2つの部屋に分配するすべての方法(16通り)を図示せよ．

2. 前の問題で分子の数から($N=3$)のときはどうか．

5-2 スターリングの公式

前節の扱いからもわかるように，多数の分子の分配を計算する場合には，大きな数 n の階乗 $n!$ がしばしば現われる．これに対して近似式

$$\boxed{\log N! \cong N\log N - N \qquad (N \gg 1)} \tag{5.15}$$

(log は自然対数)を用いると便利なことが多い．これを

$$\boxed{N! \cong N^N e^{-N} \qquad (N \gg 1)} \tag{5.16}$$

と書くこともある．もっとくわしく書くと，$N \gg 1$ のとき

$$\log N! = N\log N - N + \frac{1}{2}\log(2\pi N) + O\left(\frac{1}{N}\right) \tag{5.17}$$

ここで $O\left(\frac{1}{N}\right)$ は $\frac{1}{N}$ の程度の大きさの項である．(5.17)を

$$N! \cong \sqrt{2\pi N}N^N e^{-N} \tag{5.18}$$

と書くこともある．これらを**スターリングの公式**(Stirling's formula)という．

まず，いくつかの N について上式を確かめておこう．表5-2からみれば，$N=0$ まで含ませるには，(5.17)でなく，(5.15)の方がよいことがわかる．また N が十分大きい場合は(5.17)の右辺の最初の2項に対して残る2項を無視することができる．そこで今後の計算では(5.15)，あるいは(5.16)を用いることにする．

表 5-2　$N!$ の自然対数とスターリングの公式

N	$\log N!$	$N\log N-N$	$\frac{1}{2}\log(2\pi N)$	$N\log N-N+\frac{1}{2}\log(2\pi N)$
0	0	0	$-\infty$	$-\infty$
1	0	-1.000	0.919	-0.081
10	15.104	13.026	2.070	15.096
100	363.73	360.51	3.222	363.73

スターリングの公式の略証を示そう．$N!=N(N-1)\cdots 2\cdot 1$ であるから，自然対数をとると

$$\log N! = \sum_{n=1}^{N}\log n \tag{5.19}$$

これは図5-5の階段状の図形の面積である．これを図の曲線の $n=1\sim N$ の部分の面積で近似すれば

$$\log N! \cong \int_1^N \log n\cdot dn = \Big[n\log n - n\Big]_1^N = N\log N - N + 1 \tag{5.20}$$

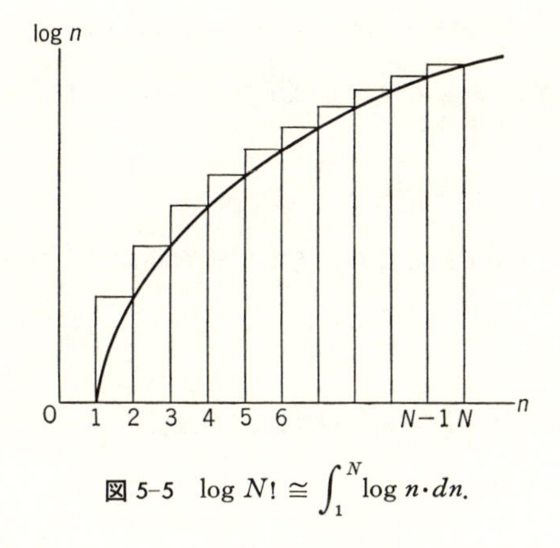

図 5-5　$\log N! \cong \int_1^N \log n \cdot dn.$

$N \gg 1$ として右辺最後の $+1$ を無視すれば(5.15)を得る.

例題 1　前節の W(式(5.5))の対数は $N_j \gg 1$ とすると

$$\boxed{\log W \cong N \log N + \sum_{j=1}^{n} N_j \log \frac{V_j}{N_j}} \tag{5.21}$$

となることを示せ.

［解］　スターリングの公式を用い，$N = N_1 + N_2 + \cdots + N_n$ を考慮すれば

$$\begin{aligned}\frac{N!}{N_1!N_2!\cdots N_n!} &= \frac{N^N e^{-N}}{N_1^{N_1}e^{-N_1}N_2^{N_2}e^{-N_2}\cdots N_n^{N_n}e^{-N_n}} \\ &= \frac{N^N}{N_1^{N_1}N_2^{N_2}\cdots N_n^{N_n}} = \left(\frac{N}{N_1}\right)^{N_1}\left(\frac{N}{N_2}\right)^{N_2}\cdots\left(\frac{N}{N_n}\right)^{N_n}\end{aligned} \tag{5.22}$$

したがって

$$W \cong \left(\frac{N}{N_1}\right)^{N_1} V_1^{N_1} \left(\frac{N}{N_2}\right)^{N_2} V_2^{N_2} \cdots \left(\frac{N}{N_n}\right)^{N_n} V_n^{N_n} \tag{5.23}$$

この対数をとれば(5.21)を得る. ▌

5-3　最大確率の分布

分子が容器の中に分布するときは，各部屋の大きさに比例して分布するのが最も確からしいだろう．5-1 節の例題 2 では，4 個の分子が分布するとき，容

器の半分の体積に $N_1=2$ 個ずつの分子が分布する分配方法の数が6通りで分配方法の数 $W(N_1, N_2)$，あるいは分布確率 $w(N_1, N_2)$ が最大になる場合であった．

一般に変数 x のなめらかな関数 $f(x)$ が極値（極大あるいは極小）をとる点 x は，図5-6で接線が水平である条件，あるいは微係数が0の条件

$$\frac{df(x)}{dx}=0 \tag{5.24}$$

で与えられる．2変数 x_1, x_2 の関数 $F(x_1, x_2)$ が極値をとる条件は図5-7で接線が水平である条件，すなわち

$$\frac{\partial}{\partial x_1}F(x_1, x_2)=0, \qquad \frac{\partial}{\partial x_2}F(x_1, x_2)=0 \tag{5.25}$$

で与えられる．

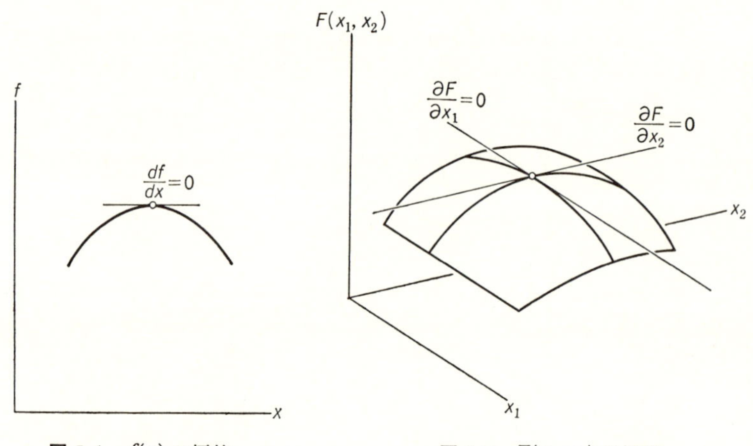

図5-6　$f(x)$ の極値．

図5-7　$F(x_1, x_2)$ の極値．

容器の体積を半分ずつの部屋に分けたときの分子の分配方法の数 $W(N_1, N_2)$ が最大になるのは，全分子数 N の半分ずつがそれぞれの部屋にある分布であろう．いま分子数 N_1, N_2 が十分大きいため N_1/N, N_2/N（あるいは N_1 と N_2）は連続変数のようにみなしてよいと考えて，$W(N_1, N_2)$ が極値をとるのは $N_1=N_2=N/2$ の場合であることを確かめよう．この問題に対しては

$$W(N_1, N_2) = \frac{N!}{N_1!N_2!} \tag{5.26}$$

ただし，ここで $N=N_1+N_2$ である．スターリングの公式(5.16)を使うと，十分大きな N_1, N_2 に対し，近似

$$W(N_1, N_2) = \left(\frac{N}{N_1}\right)^{N_1}\left(\frac{N}{N_2}\right)^{N_2} \tag{5.27}$$

を用いることができる．$W(N_1, N_2)$ が極値をとる条件は

$$\log W(N_1, N_2) = -N_1 \log\frac{N_1}{N} - N_2 \log\frac{N_2}{N} \tag{5.28}$$

が極値をとる条件とみた方がわかりやすい．変数 N_1 と N_2 の間には $N_1+N_2=N=$一定 という制限があるから，N_2 は N_1 できまり，独立な変数は1個だけである．N_1 を変数にとると

$$\log W(N_1, N-N_1) = -N_1 \log\frac{N_1}{N} - (N-N_1) \log\frac{N-N_1}{N} \tag{5.29}$$

図5-8にはこれを N_1/N の関数として示した(問題1参照)．分布確率 $W(N_1, N-N_1)$ が極値(最大値)をとる条件は

$$\frac{d}{dN_1}\log W(N_1, N-N_1) = 0 \tag{5.30}$$

すなわち

$$\log\frac{N-N_1}{N_1} = 0 \tag{5.31}$$

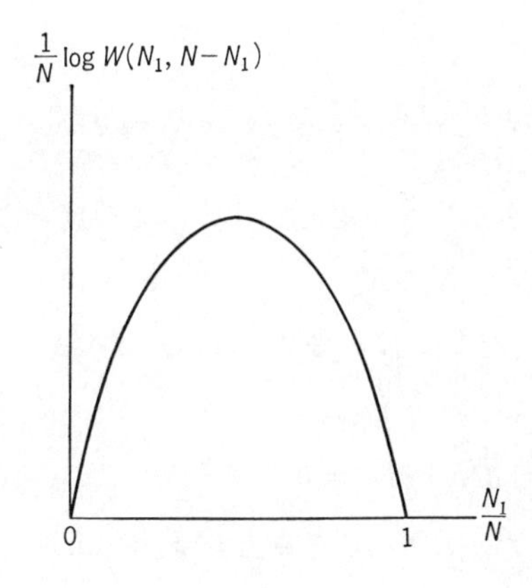

図5-8　$W(N_1, N_2) = \dfrac{N!}{N_1!N_2!} \cong \left(\dfrac{N}{N_1}\right)^{N_1}\left(\dfrac{N}{N_2}\right)^{N_2}$.

を与える．したがって

$$\frac{N-N_1}{N_1}=1 \tag{5.32}$$

すなわち

$$N_1=\frac{N}{2} \tag{5.33}$$

が分配方法の数 $W(N_1, N_2)$ が極値(この場合は最大値)をとる分布を与える．もちろんこのとき $N_2=N/2$ である．

変分　上の扱いを変数 $N_1, N_2, \cdots$ の数が多い場合で $N_1+N_2+\cdots=N=$一定 というような制限がいくつかつく場合に拡張するのには，より一般的な方法を用いるのが便利である．これを2変数の場合について説明しよう．

$\log W(N_1, N_2)$ の極値を求めるため N_1, N_2 をそれぞれ微小量 $\delta N_1, \delta N_2$ だけ変えたとする．そのための $\log W$ の変化を $\delta \log W(N_1, N_2)$ と書くと

$$\delta \log W(N_1, N_2)=\frac{\partial \log W(N_1, N_2)}{\partial N_1}\delta N_1+\frac{\partial \log W(N_1, N_2)}{\partial N_2}\delta N_2 \tag{5.34}$$

となる．ここで δ のついた微小量はそれぞれ変分とよばれる．$\log W$ が極値をもつ条件は N_1, N_2 に変分 $\delta N_1, \delta N_2$ を与えても $\log W$ が変化しないこと，すなわち

$$\delta \log W(N_1, N_2)=0 \tag{5.35}$$

あるいは

$$\frac{\partial \log W(N_1, N_2)}{\partial N_1}\delta N_1+\frac{\partial \log W(N_1, N_2)}{\partial N_2}\delta N_2=0 \tag{5.36}$$

で与えられる(図5-9で変分はQからPへの変化)．しかしこの場合には

$$N=N_1+N_2 \tag{5.37}$$

が一定に保たれるので，変分 $\delta N_1, \delta N_2$ は N の変分がないという条件，すなわち

$$\delta N=\delta N_1+\delta N_2=0 \tag{5.38}$$

にしたがわなければならない．したがって極値を見出す問題は(5.36)と(5.38)

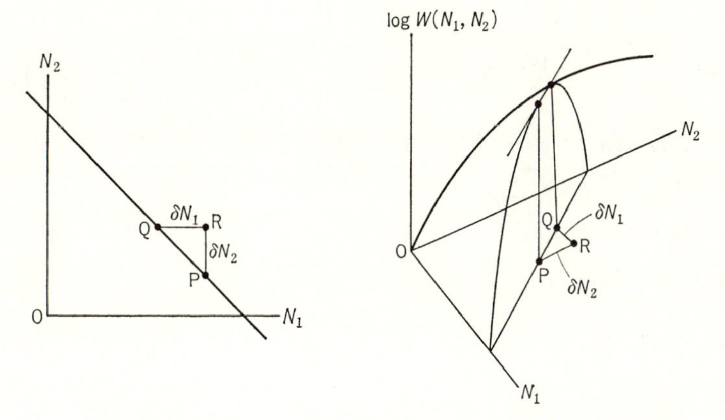

図 5-9　$N_1+N_2=$一定 の条件をつけた $\log W(N_1, N_2)$ の極値.

を連立させて解けばよいことになる．(5.38)から $\delta N_2=-\delta N_1$ であるから，これを(5.36)に代入すれば

$$\left(\frac{\partial \log W(N_1, N_2)}{\partial N_1}-\frac{\partial \log W(N_1, N_2)}{\partial N_2}\right)\delta N_1 = 0 \qquad (5.39)$$

を得る．ここで変化 δN_1 の大きさは任意であるから，上式の（　）の中は0でなければならない．したがって極値の条件は

$$\frac{\partial \log W(N_1, N_2)}{\partial N_1} = \frac{\partial \log W(N_1, N_2)}{\partial N_2} \qquad (5.40)$$

となる．ここで(5.28)を用いると，この式は

$$\log N_1 = \log N_2 \qquad (5.41)$$

を与え，$N_1=N_2=N/2$ が最大確率の分布であることがわかる．

ラグランジュの未定乗数法　(5.36)と(5.38)を連立させて解くのには次のような方法も考えられる．(5.38)にある定数 λ を掛けて(5.36)に加えると

$$\left(\frac{\partial \log W(N_1, N_2)}{\partial N_1}+\lambda\right)\delta N_1+\left(\frac{\partial \log W(N_1, N_2)}{\partial N_2}+\lambda\right)\delta N_2 = 0 \qquad (5.42)$$

を得る．ここで δN_1 と δN_2 は独立であると考えると，これらに掛かっている因子はそれぞれ0でなければならないので

$$\frac{\partial \log W(N_1, N_2)}{\partial N_1}+\lambda = 0, \qquad \frac{\partial \log W(N_1, N_2)}{\partial N_2}+\lambda = 0 \qquad (5.43)$$

あるいは

$$\frac{\partial \log W(N_1, N_2)}{\partial N_1} = \frac{\partial \log W(N_1, N_2)}{\partial N_2} = -\lambda \qquad (5.44)$$

を得る．これは(5.40)と同じ結果である．係数λは制限$N_1+N_2=N$にしたがうようにきめればよいのである．

上の方法は変数の数が多い場合にも適用できる．変数が$N_1, N_2, \cdots, N_n$の場合，分布確率$W(N_1, N_2, \cdots, N_n)$が極値をとる条件は

$$\delta \log W(N_1, N_2, \cdots, N_n) = \sum_{j=1}^{n} \frac{\partial \log W(N_1, N_2, \cdots, N_n)}{\partial N_j} \delta N_j = 0 \qquad (5.45)$$

であり，制限

$$N = N_1+N_2+\cdots+N_n = \text{一定} \qquad (5.46)$$

は，変分の形で

$$\delta N = \sum_j \delta N_j = 0 \qquad (5.47)$$

と書ける．そこで(5.47)に未定の乗数λを掛けて(5.45)に加えれば

$$\sum_{j=1}^{n} \left\{ \frac{\partial \log W(N_1, N_2, \cdots, N_n)}{\partial N_j} + \lambda \right\} \delta N_j = 0 \qquad (5.48)$$

を得る．したがって極値の条件は

$$\frac{\partial \log W(N_1, N_2, \cdots, N_n)}{\partial N_j} = -\lambda \qquad (j = 1, 2, \cdots, n) \qquad (5.49)$$

で与えられることになる．

ここで述べた方法を**ラグランジュの未定乗数法**(Lagrange's method of undetermined multipliers)という．これは制限がいくつかある場合でも用い得る(次節参照)．未定乗数(ここではλ)は制限を与える式(ここでは(5.46))を用いて定められるものである．

例題1　ラグランジュの未定乗数法を用いて，最も確からしい分子の分布は各部屋の分子数N_jがその部屋の体積V_jに比例する分布であることを示せ．

［解］　(5.21)により

$$\log W(N_1, N_2, \cdots, N_n) = N \log N + \sum_{j=1}^{n} N_j \log \frac{V_j}{N_j} \qquad (5.50)$$

したがって，最も確からしい分布に対して

$$\delta \log W(N_1, N_2, \cdots, N_n) = \sum_{j=1}^{n} \delta N_j \left(\log \frac{V_j}{N_j} - 1 \right) = 0 \tag{5.51}$$

ここで制限は

$$\delta N = \sum_{j=1}^{n} \delta N_j = 0 \tag{5.52}$$

と書ける．よって未定乗数 λ を(5.52)に掛けて(5.51)に加えれば

$$\sum_{j=1}^{n} \left(\log \frac{V_j}{N_j} - 1 + \lambda \right) \delta N_j = 0 \tag{5.53}$$

したがって

$$\log \frac{V_j}{N_j} = 1 - \lambda \tag{5.54}$$

これを書き直せば

$$N_j = V_j e^{-1+\lambda} \tag{5.55}$$

全分子数は N であるから，$\sum_{j=1}^{n} V_j = V$ により

$$N = \sum_{j=1}^{n} N_j = V e^{-1+\lambda} \tag{5.56}$$

よって(5.55)と(5.56)から

$$N_j = \frac{V_j}{V} N \tag{5.57}$$

が最も確からしい分布である．❙

問　　題

1. 式(5.29)が図5-8を与えることを示せ．
2. 図5-8が $N_1 = N/2$ に対して対称なのはなぜか．

5-4　分子の速度

気体の圧力は分子が容器の壁にあたる衝撃によるものであることを，先に学んだ．気体の分子は壁に衝突するだけでなく，たがいに衝突し，そのたびに速

度の大きさも向きも変化する．したがってある瞬間を考えれば，気体の分子には速いものもおそいものもある．どのような速度の分子がどのくらいの割り合いであるかということを分子の**速度分布**という．4-1節で学んだように，気体の圧力は分子の速度の2乗の平均に比例するが，速度分布にはよらない．しかし速度分布は実験で調べることもできるし(5-5節参照)，気体のいろいろの性質をくわしく研究するときには速度分布に対する知識が必要になってくる．

各分子の速度は x, y, z 方向の速度成分 v_x, v_y, v_z で定まる．そこで v_x, v_y, v_z を座標とする直交座標系を考え，これを**速度空間**とよぶことにする(図5-10)．1個の分子の速度は，速度空間のなかの1点で与えられる．そして，気体の分子の総数を N とすると，気体の全分子の速度の様子は，速度空間の中の N 個の点によって与えられることになる．この点の速度空間における分布が速度分布である．

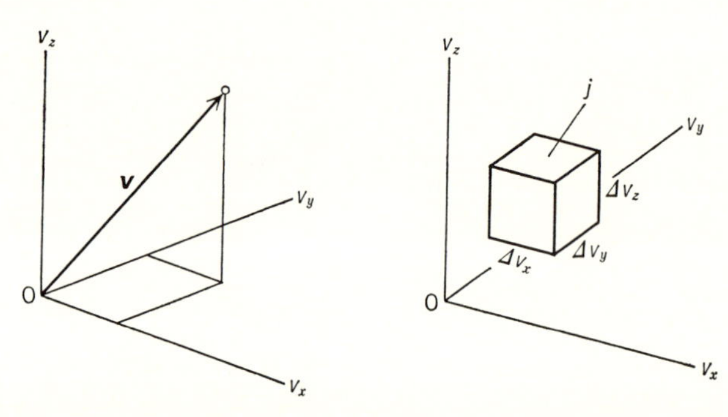

図5-10　速度 $\boldsymbol{v}=(v_x, v_y, v_z)$．　　図5-11　速度空間の微小体積．

速度空間を小さな領域に分け，各領域にどのくらいの数の分子があるかという確率を考えることにしよう．各領域は v_x, v_y, v_z-軸に平行な辺をもつ立方体であるとし，各辺の長さをそれぞれ $\Delta v_x, \Delta v_y, \Delta v_z$ とすると，積 $\Delta v_x \Delta v_y \Delta v_z$ はこの領域の速度空間における‘体積’を表わすことになる．

分子の速度成分 v_x, v_y, v_z はそれぞれ $-\infty$ から $+\infty$ までの値をとれるので，速度空間は無限に多くの領域に分けられるわけであるが，これらの領域に番号づけをすることはできる．j 番目の領域の速度空間における体積を

$$g_j = (\Delta v_x \Delta v_y \Delta v_z)_j \tag{5.58}$$

で表わそう．速度空間における分布は，5-1節で調べた分子の位置の分布に似た方法で扱うことができる．

分子の速度が j 番目の速度領域にある分子の数を N_j とすれば，速度空間で分子を分配する方法の数は(5.5)と同様に

$$\boxed{W(N_1, N_2, \cdots) = \frac{N!}{N_1!N_2!\cdots N_j!\cdots} g_1{}^{N_1} g_2{}^{N_2} \cdots g_j{}^{N_j} \cdots} \tag{5.59}$$

で与えられる(もちろん $N_l=0$ の領域に対しては $0!=1$ とする)．スターリングの公式を使うと

$$\boxed{W(N_1, N_2, \cdots) = \left(\frac{N}{N_1}\right)^{N_1} \left(\frac{N}{N_2}\right)^{N_2} \cdots \left(\frac{N}{N_j}\right)^{N_j} \cdots g_1{}^{N_1} g_2{}^{N_2} \cdots g_j{}^{N_j} \cdots} \tag{5.60}$$

この対数は

$$\log W(N_1, N_2, \cdots, N_j, \cdots) = N \log N + \sum_j N_j \log \frac{g_j}{N_j} \tag{5.61}$$

と書ける．これを最大にする N_j の組が最も確からしい分布，すなわち速度分布である．全分子数

$$N = N_1 + N_2 + \cdots + N_j + \cdots = \sum_j N_j \tag{5.62}$$

は一定である．

さらに気体の分子の全エネルギーが一定に保たれる．分子はすべて同種類で，1個の分子の質量は m であるとし，j 番目の速度領域にある分子のエネルギーを

$$\varepsilon_j = \frac{m}{2} v^2 = \frac{m}{2} (v_x{}^2 + v_y{}^2 + v_z{}^2)_j \tag{5.63}$$

で表わそう．この領域には N_j 個の分子があるから，気体の全エネルギーは

$$E = N_1 \varepsilon_1 + N_2 \varepsilon_2 + \cdots + N_j \varepsilon_j + \cdots = \sum_j \varepsilon_j N_j \tag{5.64}$$

で与えられる．

そこで最も確からしい分布は$\log W$が最大になるN_jの組を見出すことであり，これは変分を使って

$$\delta \log W(N_1, N_2, \cdots, N_j, \cdots) = \sum_j \left(\log \frac{g_j}{N_j} - 1\right)\delta N_j = 0 \tag{5.65}$$

と書ける．ここでN=一定，E=一定 を副条件として考慮しなければならない．この副条件は次のように書かれる．

$$\delta N = \sum_j \delta N_j = 0 \tag{5.66}$$

$$\delta E = \sum_j \varepsilon_j \delta N_j = 0 \tag{5.67}$$

(5.66)に未定乗数$-\alpha+1$を，(5.67)に未定乗数$-\beta$を掛けて，(5.65)と共に加え合わせれば

$$\sum_j \left(\log \frac{g_j}{N_j} - \alpha - \beta\varepsilon_j\right)\delta N_j = 0 \tag{5.68}$$

を得る．ここでδN_jはすべて任意だから

$$\log \frac{g_j}{N_j} - \alpha - \beta\varepsilon_j = 0 \tag{5.69}$$

あるいは

$$\boxed{N_j = g_j e^{-\alpha-\beta\varepsilon_j}} \tag{5.70}$$

が得られる．

ここで未定乗数αとβは副条件(5.62)と(5.64)で定まるものである．これらの副条件を書くと次に示すようになる．

$$N = \sum_j g_j e^{-\alpha-\beta\varepsilon_j} \tag{5.71}$$

$$E = \sum_j g_j \varepsilon_j e^{-\alpha-\beta\varepsilon_j} \tag{5.72}$$

分子の速度分布を扱うには，速度空間の微小領域に対する式(5.58)を用いればよい．これについては次節で改めて扱うことにする．

なお，式(5.70)は全エネルギーが一定のときの分布を与える式である．もしも全エネルギーが一定という条件を取り除けば，未定乗数βがいらなくなって(5.70)は$N_j = g_j e^{-\alpha}$となり，この式は形の上では式(5.55)と同等の式になる．

ただし(5.55)では微小領域 g_j の代りに分子の位置空間の領域の体積 V_j があり，未定乗数 α の代りに $\lambda-1$ が用いられている.

5-5 マクスウェル分布

前節で得た(5.70)において，g_j は分子の速度の領域(5.58)を意味するので，(5.58)の右辺の添字 j を省いて

$$g_j = dv_x dv_y dv_z \tag{5.73}$$

と書ける．また ε_j は分子のエネルギー(5.63)であって

$$\varepsilon_j = \frac{m}{2}(v_x{}^2+v_y{}^2+v_z{}^2) \tag{5.74}$$

である．そして N_j はこの速度領域の速度 (v_x, v_y, v_z) をもつ分子の数である．そこで分子の総数を N とし

$$\frac{N_j}{N} = f(v_x, v_y, v_z)dv_x dv_y dv_z \tag{5.75}$$

と書けば，$f(v_x, v_y, v_z)$ は分子が速度 (v_x, v_y, v_z) をもつ確率，あるいは速度分布を与える．(5.70), (5.73), (5.74)を用い

$$\frac{e^{-\alpha}}{N} = A \tag{5.76}$$

と書けば，(5.70)により分子の速度分布は

$$\boxed{f(v_x, v_y, v_z)dv_x dv_y dv_z = A \exp\left\{-\beta\frac{m}{2}(v_x{}^2+v_y{}^2+v_z{}^2)\right\}dv_x dv_y dv_z} \tag{5.77}$$

で与えられる．ここで A, β はともに v_x, v_y, v_z によらない定数である．(5.77)はこの速度分布をはじめて導いたマクスウェル(James C. Maxwell)にちなんで，**マクスウェルの速度分布則**とよばれる．簡単にマクスウェル分布ということも多い.

マクスウェル分布(5.77)は v_x, v_y, v_z のおのおのに対する分布の積の形にな

っている．すなわち

$$f(v_x, v_y, v_z) = A\exp\left(-\beta\frac{m}{2}v_x^2\right)\exp\left(-\beta\frac{m}{2}v_y^2\right)\exp\left(-\beta\frac{m}{2}v_z^2\right) \quad (5.78)$$

と表わせる．そして v_x, v_y, v_z のそれぞれに対する分布は，c を定数として

$$f(\xi) = c\exp\left(-\beta\frac{m}{2}\xi^2\right) \qquad (\xi = v_x, v_y, v_z) \quad (5.79)$$

で与えられる．これは図 5-12 のように釣鐘型をした曲線で表わされる分布である．

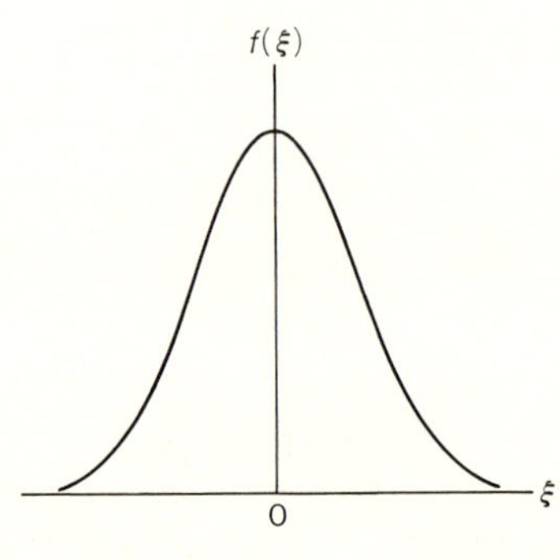

図 5-12 分布 $f(\xi) = c\exp(-\lambda\xi^2)$.

さて，定数 A と β は(5.71)と(5.72)を(5.73)を用いて積分に直したものによって定められる．(5.78)を考慮すれば，(5.71)は(5.73)を用いて

$$\iiint_{-\infty}^{\infty} f(v_x, v_y, v_z)dv_x dv_y dv_z = A\left(\int_{-\infty}^{\infty}\exp\left(-\beta\frac{m}{2}\xi^2\right)d\xi\right)^3 = 1 \quad (5.80)$$

となる．ここで気体の分子数は非常に大きいとしているので，全エネルギーも非常に大きく，そのため各分子がとり得る速度成分の大きさは事実上 $-\infty$ から $+\infty$ までが可能なので，(5.71)の和は各速度成分について $-\infty$ から ∞ にわたる積分となったのである．同様に(5.72)は(5.73)により

$$\begin{aligned}\frac{E}{N} &= \iiint_{-\infty}^{\infty}\frac{m}{2}v^2 f(v_x, v_y, v_z)dv_x dv_y dv_z \\ &= A\iiint_{-\infty}^{\infty}\frac{m}{2}(v_x^2+v_y^2+v_z^2)\exp\left\{-\beta\frac{m}{2}(v_x^2+v_y^2+v_z^2)\right\}dv_x dv_y dv_z\end{aligned} \quad (5.81)$$

を与える．ここで積分公式

$$\int_{-\infty}^{\infty} e^{-\lambda x^2} dx = \sqrt{\frac{\pi}{\lambda}} \tag{5.82}$$

$$\int_{-\infty}^{\infty} x^2 e^{-\lambda x^2} dx = \frac{\sqrt{\pi}}{2\lambda^{3/2}} \tag{5.83}$$

速度分布の検証

気体分子の速度分布はいくつかの方法で実験的に確かめることができる．たとえば高温で光を出す分子や原子ではドップラー効果で調べることができる．もう１つは次のように分子線(原子線)を用いる方法である．

ビスマスのように気体になりやすい金属を炉のなかで加熱して熱平衡の状態にしておく．炉の外は真空にしておいて，炉にあけた小さな穴 S_1 から気体を噴出させ，さらに図のスリット S_2 を通過させると，気体は真空中を分子(原子)の流れとなって直進する．これが分子線(原子線)である．図で B は矢印のように回転する円筒でスリット S_3 がたまたま S_2 に向かった瞬間だけ分子は S_2, S_3 を通って直進するが，円筒の反対側にあたる間に円筒は回転しているから，分子の速さによって分子が付着する点 Q がちがう(付着させるガラス板 P は低い温度に保って分子が付着しやすいようにしておく)．板 P の上に付着した濃さによって，速度分布がわかるのである．このようにしてマクスウェルの速度分布が検証される．気体分子の速さは１秒に数百メートルの程度であるため，円筒の回転数は１秒に数百回でなければならない．

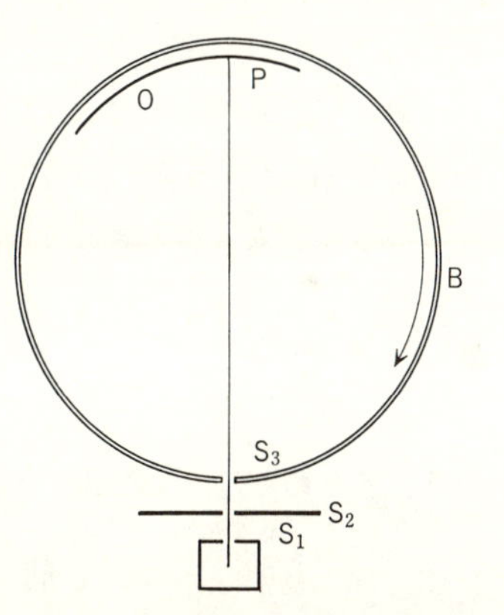

に着目しよう．まず(5.80)は(5.82)により($\lambda=\beta m/2$)

$$A\left(\frac{2\pi}{\beta m}\right)^{3/2}=1 \tag{5.84}$$

を与える．また，(5.81)においては，(5.83)により

$$\frac{m}{2}\int_{-\infty}^{\infty}v_x{}^2\exp\left(-\beta\frac{m}{2}v_x{}^2\right)dv_x=\frac{m}{2}\frac{\sqrt{\pi}}{2}\left(\frac{2}{\beta m}\right)^{3/2}=\frac{1}{2\beta}\sqrt{\frac{2\pi}{\beta m}} \tag{5.85}$$

であり，v_y, v_z についても同様である．したがって(5.81)は

$$\frac{E}{N}=\frac{3}{2\beta}A\left(\frac{2\pi}{\beta m}\right)^{3/2}=\frac{3}{2\beta} \tag{5.86}$$

を与える．ここで(5.84)を考慮した．分子のエネルギーは $mv^2/2$ であり，速度の2乗の平均を $\overline{v^2}$ と書けば

$$\frac{E}{N}=\frac{m}{2}\overline{v^2}=\frac{3}{2\beta} \tag{5.87}$$

となる．

さきに，第4章で気体の圧力を計算したときに，分子の速度は温度と関係づけられることを知った．実際，(4.17)により，$\frac{m}{2}\overline{v^2}=\frac{3}{2}kT$ である．したがって，ボルツマン定数 k と絶対温度 T を用いれば，(4.17)と(5.87)から

$$\boxed{\beta=\frac{1}{kT}} \tag{5.88}$$

が導かれる．すなわち，β は**逆温度**という意味をもつ．

問　題

1. (5.77)の係数 A は

$$A=\left(\frac{m}{2\pi kT}\right)^{3/2}$$

で与えられることを示せ．

5-6　重力があるときの気体の分布

地表の空気は重力のため上空ほど薄く，地面に近いほど濃くなっている．気体は静止しているとして，高さによる気体の密度変化を考察しよう．

高さ z の位置における圧力を P とし，高さ $z+dz$ における圧力を $P+dP$ とする．$dz>0$ ならば $dP<0$ である．この圧力のちがいは，z と $z+dz$ の間の気体の重さによるものである．したがって，気体の密度を ρ とし，g を重力の加速度とすれば

$$dP = -\rho g dz \tag{5.89}$$

の関係が成り立つ．単位体積内の気体の分子の数は z によってちがうので，これを $n=n(z)$ とし，気体分子 1 個の質量を m とすると

$$\rho = mn \tag{5.90}$$

である．

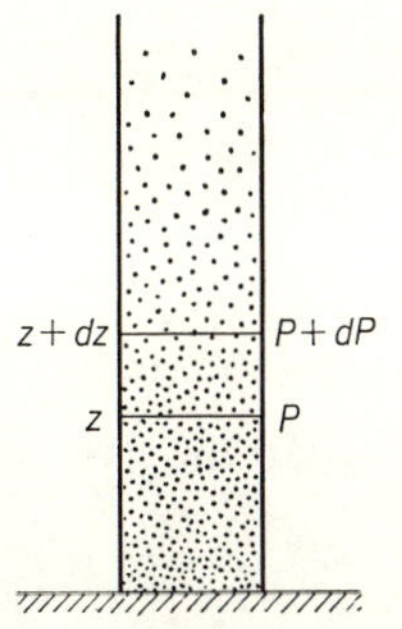

図 5-13　重さによる圧力．

気体の圧力 P と n との関係は

$$P = nkT \tag{5.91}$$

である．これを用いれば

$$\rho = mn = \frac{m}{kT}P \tag{5.92}$$

となるから，

$$dP = -\frac{mg}{kT}Pdz \tag{5.93}$$

あるいは

$$\frac{dP}{P} = -\frac{mg}{kT}dz \tag{5.93$'$}$$

が得られる.

ここで簡単のため温度 T が z によらない場合を考えると，上式は積分できて

$$\log P = 定数 - \frac{mg}{kT}z \tag{5.94}$$

となる．したがって

$$P = P_0 \exp\left(-\frac{mgz}{kT}\right) \tag{5.95}$$

が得られる．ここで P_0 は $z=0$ における圧力を表わす定数である.

気体の密度で表わせば

$$\rho(z) = \rho_0 \exp\left(-\frac{mgz}{kT}\right) \tag{5.96}$$

あるいは単位体積内の分子数として

$$n(z) = n_0 \exp\left(-\frac{mgz}{kT}\right) \tag{5.97}$$

とかける．ここで ρ_0, n_0 は定数である．気体の密度や圧力は高さとともに指数関数的に減少するわけである．地表の空気は温度一定ではないから，これらの式に完全に一致しないけれども，約 10 km 上空での空気の密度はきわめて希薄になる.

さらに次のことに注意しよう.

$$\varphi(z) = mgz \tag{5.98}$$

は重力による分子 1 個の位置エネルギーを意味する．これを(5.97)に用いれば

$$n(z) = n_0 \exp\left(-\beta\varphi(z)\right) \tag{5.99}$$

とかける．ここで $\beta=1/kT$ である.

気体分子の速度分布はマクスウェルの分布則により，分子の運動エネルギーの指数関数で与えられた．また重力がはたらいているときは，分子の位置エネ

ルギーの指数関数に比例する密度をもつことがここでわかった．これらを総合すると，分子の速度が(v_x, v_y, v_z)と$(v_x+dv_x, v_y+dv_y, v_z+dv_z)$の間にあり，高度が$z$と$z+dz$の間にある確率(分子の数に比例する)は

$$f(v_x, v_y, v_z, z)dv_xdv_ydv_zdz$$
$$= C\exp\left[-\beta\left\{\frac{m}{2}(v_x{}^2+v_y{}^2+v_z{}^2)+\varphi(z)\right\}\right]dv_xdv_ydv_zdz \quad (5.100)$$

と書くことができることがわかる．ここでCは定数である．

これは速度分布と高度による密度変化とを単純に掛けあわせたようにも見えるが，ここで分子の速度と位置を合わせた空間における分布が，分子のエネルギー((5.100)の{　}の中)の指数関数であることは，もっと深い意味をもつ．実際，速度空間を考えてマクスウェルの速度分布を求めたのと同じような計算を速度と位置を合わせた空間についてはじめから実行したとすると，(5.100)の結果が得られる．このことは次の節において，もっと一般的に学ぶことにする．

なお，上記の結果をすこし一般化しておこう．気体分子にはたらく力を簡単な重力に限らず，ある保存力であってそのポテンシャルが

$$\varphi = \varphi(x, y, z) \quad (5.101)$$

であるとすると，気体分子の速度が(v_x, v_y, v_z)と$(v_x+dv_x, v_y+dv_y, v_z+dv_z)$の間にあり，位置が$(x, y, z)$と$(x+dx, y+dy, z+dz)$の間にある確率は

$$f(v_x, v_y, v_z, x, y, z)dv_xdv_ydv_zdxdydz$$
$$= Ce^{-\beta\varepsilon}dv_xdv_ydv_zdxdydz \quad (5.102)$$

で与えられる．ここでεは気体分子1個のエネルギー，すなわち

$$\varepsilon = \text{運動エネルギー} + \text{位置エネルギー}$$
$$= \frac{m}{2}(v_x{}^2+v_y{}^2+v_z{}^2)+\varphi(x, y, z) \quad (5.103)$$

である．またCは定数であり，Tを気体温度，kをボルツマン定数として$\beta=1/kT$である．(5.102)を**マクスウェル-ボルツマンの分布則**という．

問　　題

1.　温度が一様であるとすれば，気圧 P と高さの関係は

$$P = P_0 \exp\left(-\frac{Mgz}{RT}\right)$$

で与えられることを示せ(ただし M は分子量).

2.　空気の平均分子量を $M=29$，温度は $T=270\ \mathrm{K}$ とすれば，気体と高度 $z\,(\mathrm{m})$ の関係は

$$P = P_0 \exp(-1.26\times 10^{-4} z)$$

で与えられることを示せ(富士山頂では $P/P_0 \cong e^{-0.5} \cong 0.6$，エベレスト山頂では $P/P_0 \cong e^{-1.1} \cong 0.3$).

3.　空気の分子1個の質量が $4.8\times 10^{-26}\ \mathrm{kg}$ であることと，エベレスト山頂で空気の密度が地表における値の約1/3であることを用いて，ボルツマン定数を求めよ．またこれと気体定数の値を用いてアボガドロ数を算出せよ．ただし気温は $270\ \mathrm{K}$ とする.

5-7　位相空間

5-1節から5-4節までにおいては気体の容器内における分子の位置(配置ともいう)の分布を扱い，5-5節では分子の速度の分布，すなわち速度空間における分布を考えた.

分子の位置と速度を同時に考えれば，分子の x, y, z 座標と速度成分 v_x, v_y, v_z を同時に考えることになる．そこでこれらを一緒にして6個の変数 (x, y, z, v_x, v_y, v_z) を座標とする6次元の空間を考えればこの中の1点で分子の位置と速度を表わすことができる．このように位置と速度からなる空間を**位相空間**(phase space)という.

重力やその他の力が分子にはたらいていない場合，分子の大きさを無視すると，気体の分子はどこにある確率も同じであるから，その位置が x と $x+dx$，y と $y+dy$，z と $z+dz$ の間にある確率は空間の領域 $dxdydz$ の大きさに比例する．そして速度が v_x と v_x+dv_x，v_y と v_y+dv_y，v_z と v_z+dv_z の間にある

確率は(5.77)で与えられる．したがって，気体の分子が領域 $dxdydz$ 内にあり，速度が速度領域 $dv_xdv_ydv_z$ 内にある確率は

$$f(x,y,z,v_x,v_y,v_z)dxdydzdv_xdv_ydv_z$$
$$= B\exp\left(-\beta\frac{m}{2}(v_x{}^2+v_y{}^2+v_z{}^2)\right)dxdydzdv_xdv_ydv_z \tag{5.104}$$

で表わされる．ここで β は(5.88)で与えられる逆温度であり，B は v_x, v_y, v_z によらない定数である．

すでに前節で述べたように，地上の空気は重力の作用をうけているため，鉛直上方に軸をとれば，気体分子の位置エネルギーは mgz(m は分子1個の質量)である．

さらに一般化して，気体の分子がその位置 x, y, z に関係する位置エネルギー $\varphi(x,y,z)$ をもつときは，分子がある位置に存在し，ある速度をもつ確率を考える必要がある．いいかえれば，位相空間における気体分子の分布を求める必要があるが，これは5-4節で速度空間について用いた方法を位相空間へ拡張することによって達成することができる．その結果は前節で直観的に導いたマクスウェル-ボルツマンの分布則(5.102)であるが，以下では5-4節の方法を位相空間へ拡張することによってこれを導いてみよう．

まず，位相空間を小さな領域に分けて，位置座標(x,y,z)，速度成分(v_x, v_y, v_z)を囲む j 番目の領域の体積(位相空間の素体積)を，(5.58)にならって

$$g_j = (dxdydzdv_xdv_ydv_z)_j \tag{5.105}$$

で表わそう．j 番目の領域にある分子の数を N_j とすれば，位相空間で分子を分配する方法の数は，(5.59)と同様に

$$W(N_1, N_2, \cdots) = \frac{N!}{N_1!N_2!\cdots N_j!\cdots}g_1{}^{N_1}g_2{}^{N_2}\cdots g_j{}^{N_j}\cdots \tag{5.106}$$

で与えられる．これは(5.59)と同じ形であるが，(5.59)が速度空間に対するものであったのに対し，いまの場合は位相空間における分配方法の数であり，N_j や g_j の意味が異なっている．ここで N は分子の総数で

$$N = N_1+N_2+\cdots+N_j+\cdots = \sum_j N_j \tag{5.107}$$

である．また分子は運動エネルギーのほかに位置エネルギー $\varphi(x, y, z)$ をもつとしているから，領域 j にある分子のエネルギーを

$$\varepsilon_j = \left\{\frac{m}{2}(v_x{}^2+v_y{}^2+v_z{}^2)+\varphi(x, y, z)\right\}_j \tag{5.108}$$

で表わせば，気体の全エネルギーは

$$E = N_1\varepsilon_1+N_2\varepsilon_2+\cdots+N_j\varepsilon_j+\cdots = \sum_j N_j\varepsilon_j \tag{5.109}$$

である．

最も確からしい分布は N と E を一定に保つという副条件の下に $\log W$ が最大にする N_j の組によって与えられる．この計算も形式的には 5-4 節と全く同様であって，(5.70) と同形の式

$$N_j = g_j e^{-\alpha-\beta\varepsilon_j} \tag{5.110}$$

が与えられる．これが最も確からしい分布である．ここで未定乗数 α と β はやはり (5.71), (5.72) と同形の式で与えられることになる．ただし，いまの場合は 5-4 節とちがって，位相空間における分布であり，N_j や g_j の意味が 5-4 節と異なっているわけである．分布の確率は

$$\frac{N_j}{N} = f(\varepsilon_j) = Cg_j e^{-\beta\varepsilon_j} \tag{5.111}$$

と書かれる．この分布は分子のエネルギー ε_j の指数関数で与えられ，そのほかに座標 (x, y, z) などを含まないことが注目される．

(5.105), (5.108), (5.111) により分子の分布確率として

$$\boxed{\begin{aligned} & f(x, y, z, v_x, v_y, v_z)dxdydzdv_xdv_ydv_z \\ & \quad = C\exp\left[-\beta\left(\frac{m}{2}(v_x{}^2+v_y{}^2+v_z{}^2)+\varphi(x, y, z)\right)\right]dxdydzdv_xdv_ydv_z \end{aligned}} \tag{5.112}$$

を得る．これはすでに述べたマクスウェル-ボルツマンの分布 (5.102) である．

古典力学的な体系

前の章で気体の分子の空間における分布や，分子の速度分布を確率論的に調べた．この方法は気体分子に限らず，一般的な体系についても適用できる．この章ではこれについて，すこしくわしく考えよう．簡単のため，分子からなる物質を扱うことにし，分子はニュートン力学にしたがう質点であるが，たがいに分子間力をおよぼし合っているとする．気体に限らず，液体や固体もこのように考えて扱うことができるわけである．

6-1　分子論的(微視的)な状態

前の章では気体の模型としてたがいに独立に運動する分子の集まりを考え，分子の位置に関する分布と速度に関する分布を計算した．その結果は(5.70)，あるいは(5.77)，(5.102)，(5.111)などである．

この章では前章の取り扱いを拡張して，気体だけでなく液体や固体にも通用するような理論を展開しよう．しばらくの間，物質を構成する分子や原子などは，ニュートン力学(古典力学)にしたがうとする．このときの統計力学を**古典統計力学**(classical statistical mechanics)という．

展望　この章はやや長いので，まず，われわれがとる立場とこの章で導く事柄の中から重要なものを展望しておこう．

物質は適当な条件の下におかれるといわゆる熱平衡の状態になる．本書で扱うのは平衡状態にある物質に関する統計力学である．

物質が熱を通さない容器に入っているとすると，その内部エネルギーは一定に保たれる．この物質に温度計をさしこんで温度を測ったり，熱量を注入して比熱を測ったり，あるいは圧力計をさしこんで圧力を測定したりすれば，温度，比熱，圧力などをその物質の内部エネルギーの関数として調べることができ，このように内部エネルギーを基本的な量(独立変数)として，物質の統計力学を論じることができる．しかしそのためには微視的状態をエネルギーの値にしたがって分類するなどの手続きが必要になり，統計力学を応用する立場から見ると扱いにくいことになる．

これに対して，物質の熱平衡の状態が(エネルギーでなく)温度によって規定されるとすれば，統計力学の式は扱いやすくなることが示される．そこで本書では温度が与えられた場合の統計力学を述べることにする．

物質を構成する分子や原子などを力学的な粒子(質点)と考えて，物質を力学の対象となる模型(モデル)としてみなすとき，これを**体系**(system)とよぶ．気体も液体も固体も力学的な体系として考えるわけである．

前章では分子の集まりである気体をあつかい，1個の分子の速度が速度領域 $dv_x dv_y dv_z$ にある確率を $f dv_x dv_y dv_z$ とし，そのエネルギーを E とすると，f は $\exp(-E/kT)$ に比例する(マクスウェル分布)こと，いいかえると，気体分子がある微視的状態(速度で規定される)にある確率 f は

$$f \propto e^{-E/kT} \tag{6.1}$$

で与えられることを示した．ここで T は気体の温度であるが，分子はまわりの分子が定める温度 T の恒温槽の中にあるということもできる．分子1個の確率を問題にした前章に対して，この章では気体，液体，固体といった物質を表わす体系が温度 T の恒温槽の中にあるように考える．体系は恒温槽とエネルギーをやりとりするので，そのエネルギーは増えたり減ったりするので，体系のエネルギーが E である微視的状態が実現される確率を f とすると，これはやはり $\exp(-E/kT)$ に比例することが示される(後の(6.25)参照)．(6.1)は体系についても成り立つのである．この式で，エネルギー E は最小値(ふつうは $E=0$ とする)から可能な最大値までとり得るが，恒温槽は非常に大きく，$E=+\infty$ で $\exp(-E/kT)$ は0になるから，ふつうの場合は E の上限は $+\infty$ としてよい．したがって温度が与えられた体系では簡単な確率法則(6.1)がすべての微視的状態($E=0\sim+\infty$)に対して成立すると考えればよいことになる．これは体系のエネルギーを一定にする立場に比べてはるかに計算を容易にしてくれるのである．

ここで体系の微視的状態という言葉を使ったが，これを具体的に表現することから始めよう．

体系の微視的状態　簡単のため，同じ種類の分子からなる体系を考える．体系が n 個の分子から成るとすると，分子の位置分布は $3n$ 個の分子の座標 $(x_1, y_1, z_1, x_2, y_2, z_2, \cdots, x_n, y_n, z_n)$ で表わされる．分子の運動は各分子の速度成分で表わすことができるが，力学では速度よりも運動量の方が基本的な量である(物理入門コース『解析力学』参照)．その上，本書では扱わないが，多数の原子からなる複雑な分子を考えると，分子の直進，回転，振動のエネルギーの移り変わりを論じるには一般化された運動量を用いなければならなくなる．ま

た後にわかるように量子論的に統計力学を考えるときには，速度でなく運動量を用いるのが都合がよい．いまは分子を質点と考えているから，その質量を m とすれば，運動量の成分は

$$p_x = mv_x, \quad p_y = mv_y, \quad p_z = mv_z$$

である．j 番目の分子の運動量の成分を (p_{xj}, p_{yj}, p_{zj}) と書くと，全分子の速度は $(p_{x1}, p_{y1}, p_{z1}, p_{x2}, p_{y2}, p_{z2}, \cdots, p_{xn}, p_{yn}, p_{zn})$ という $3n$ 個の変数で与えられる．したがって体系の分子論的(微視的)な状態は $6n$ 個の変数

$$(x_1, y_1, z_1, x_2, y_2, z_2, \cdots, x_n, y_n, z_n,\ p_{x1}, p_{y1}, p_{z1}, p_{x2}, p_{y2}, p_{z2}, \cdots, p_{xn}, p_{yn}, p_{zn}) \tag{6.2}$$

で与えられる．この $6n$ 個の変数を座標とする $6n$ 次元の空間は，この体系の位相空間である．これは $6n$ 次元であるから図示できないが，たとえば図 6-1 のような直交座標系と考えておけばよい(本節末のコーヒー・ブレイク「多次元空間」参照)．この体系の位相空間の中の 1 点 P は，その体系の微視的状態を完全に表わすわけである．このような点 P を体系の**代表点**とよぶ．

体系の位相空間を小さな領域に分割したとすると，それぞれは微小な $6n$ 次

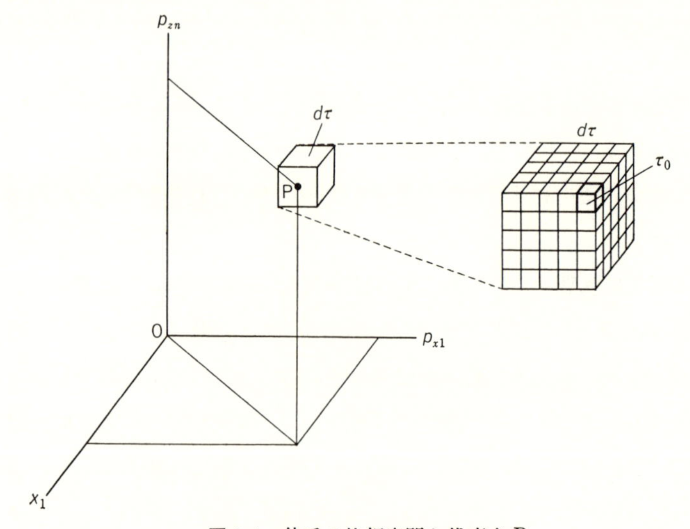

図 6-1 体系の位相空間と代表点 P.

元の体積をもつ．これを $d\tau$ で表わせば

$$d\tau = dx_1 dy_1 dz_1 dx_2 \cdots dz_n dp_{x1} dp_{y1} \cdots dp_{zn} \tag{6.3}$$

である．各領域 $d\tau$ の中のどの点も体系のとり得る微視的状態を表わす．そこで前章において空間の体積で分子をおく方法の‘数’を表わしたように，位相空間の体積 $d\tau$ にはこの体積に比例する微視的状態の数があるとすることができる．体積 $d\tau$ をそのまま微視的状態の数と考えてもよいが，この章では位相空間の微小空間をさらに微小な体積 τ_0 の小部屋に分割して，この小部屋の数を微視的状態の数としよう(図 6-1 参照)．ここで τ_0 は極めて小さい一定の値であるとし，j 番目の領域 $(d\tau)_j$ 中の微視的状態の数は

$$g_j = \frac{(d\tau)_j}{\tau_0} \tag{6.4}$$

であるとする．$d\tau$ は $dxdp_x$ というような因子の $3n$ 個の積である．ここで dx は長さの次元(基本量に関する次元．空間の次元と異なる)をもち，dp_x は運動量の次元をもつから，次元として $d\tau$ は 長さ×運動量 の n 乗，すなわち

$$[d\tau] = [長さ\times運動量]^{3n} \tag{6.5}$$

である．長さ×運動量 は**作用**(action)とよばれる量である．そこで作用の微小単位(素量)があると考え，これを h で表わそう．作用は［エネルギー×時間］でもあり，

$$[h] = [作用] = [長さ\times運動量] = [エネルギー\times時間] \tag{6.6}$$

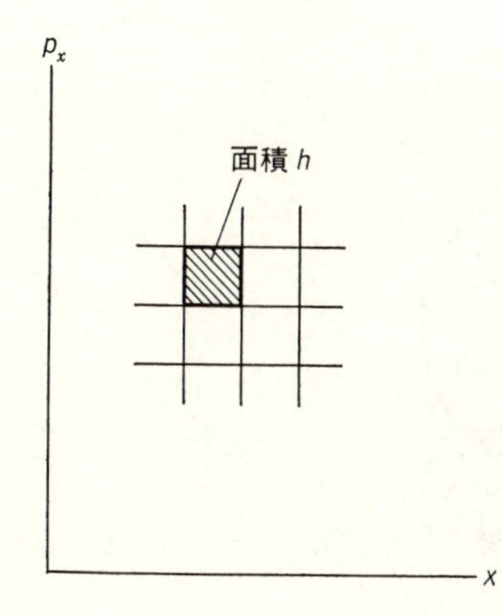

図 6-2　位相空間の単位 h.

多次元空間

$6n$ 次元の空間などというと，とても想像できないといわれそうであるが，別にむずかしく考える必要はない．ただ $6n$ 個の座標の組 $(x_1, y_1, \cdots, z_n, p_{x1}, p_{y1}, \cdots, p_{zn})$ で指定される状態を幾何学的に表現しただけのことである．1つの直線上の点はある基準の点からの距離という1つの座標で指定されるから，1つの直線は1次元である．1つの平面上の点はある点を基準(原点)にとった座標 (x, y) という2個の座標で指定されるから，平面は2次元である．部屋の中のようなふつうの意味の空間は3個の座標 (x, y, z) で指定されるから3次元である．これはなんとか紙の上に図示するのもむずかしくないが，紙の上で3個の座標軸 (x 軸，y 軸，z 軸) の間の角を直角に描くことはできないから，そのことはあきらめて，座標軸は直交していないが，本当は直交しているのだと思うことにすればよい．

4個の座標，たとえば (x_1, x_2, x_3, x_4) で指定されるのが4次元空間で，これ

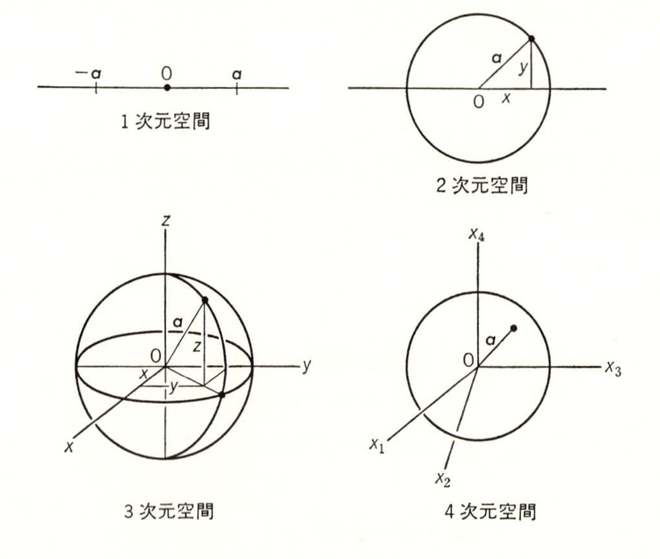

1次元空間

2次元空間

3次元空間

4次元空間

は紙の上に描こうとしても無理かも知れない．しかし，3本，あるいは4本の座標軸を描いて，これらは本当はたがいに直交しているのだと思えばいい．6次元，12次元，あるいはもっと一般に $6n$ 次元の空間についても，この手を使って $6n$ 個の座標軸の中から，2本，あるいは3本の座標軸を適当に選んで，たとえば図6-1のように $(x_1, \cdots, p_{x1}, \cdots, p_{zn})$ の中の3個の座標軸 x_1, p_{x1}, p_{zn} で $6n$ 次元の空間を表わす．これで十分である．

数学は便利なもので，‘任意の次元の球’というような図示できないものにも具体的に簡単な式を与えることができる．ふつうの球は3次元の球で $x^2+y^2+z^2=a^2$ で表わされる．2次元の球は $x^2+y^2=a^2$ で，これはふつう円とよばれるものである．1次元の球は $x^2=a^2$ で，これは原点の右と左に距離 a のところの2点 $(x=\pm a)$ のことである．この表わし方により，4次元の球は $x_1^2+x_2^2+x_3^2+x_4^2=a^2$ で与えられるし，f 次元の球は $x_1^2+x_2^2+\cdots+x_f^2=a^2$ であり，その‘半径’の長さは a である．このように数式というものは便利なものである．

である．$d\tau$ は $dxdp_x$ の $3n$ 乗の次元であるから，単位 h で分割する場合は

$$\tau_0 = h^{3n} \tag{6.7}$$

である．したがって位相空間の中の j 番目の微小領域 $(d\tau)_j$ に含まれる微視的状態の数は

$$\boxed{g_j = \frac{(d\tau)_j}{h^{3n}}} \tag{6.8}$$

となる．

ニュートン力学の範囲内に限れば，微小領域 $d\tau$ 中に多数の微視的状態を考えられればよいので，h は十分小さければどんな値でも差し支えない．しかし，量子力学のある極限としてニュートン力学が成り立つと考えることができ，そう考えると h は量子力学で基本的な**プランク定数**(Planck's constant)にほかならないことがわかる．これは後に第8章でわかることであるが，それまでは h

は適当に小さな定数であると思っておけばよい.

問　題

1. 質量, 長さ, 時間の次元をそれぞれ $[M], [L], [T]$ で表わすとき, エネルギーの次元は

$$[E] = [ML^2T^{-2}]$$

作用の次元 $[h]$=[長さ×運動量] は

$$[h] = [ML^2T^{-1}] = [\text{エネルギー}\times\text{時間}]$$

であることを示せ.

6-2 温度の与えられた体系

さて, 前章では気体の分子の集まり(図 6-3(a))を考えたのであるが, この章では分子の微視的状態(位置, 速度)の代りに体系の微視的状態(多数の分子の位置, 速度)を考え, 分子の集まりの代りに体系の集まり(図 6-3(b))に対して前章の方法を適用するのである. こうすればそれぞれの体系があるエネルギーの微視的状態をとる確率が与えられる.

これを次のように, もっと物理的に考えることもできる. たとえば 1 モルの氷を 1 つの体系としよう. これと同様な体系(すなわち 1 モルの氷)を多数(全部で N 個)用意し, これらを①, ②, …, Ⓝとする. そしてこれらをたがいに接触させれば, 図 6-3(b)のように体系の集まり(N モルの氷のかたまり)ができる. この全体系を囲むものは熱を通さない物質でできている断熱壁であって, 全体系のエネルギーは一定に保たれるとしよう. 体系の集まり全体のエネルギーは一定に保たれるが, 各体系の表面の分子はとなりの体系の表面の分子と接触して, 熱運動で衝突し, たがいにエネルギーをやりとりするから, 各体系のエネルギーは増えたり減ったりする. 全体系としては平衡状態にあるが, 各体系はまわりの体系とエネルギーのやりとりをしているのである. したがって, 1 つの体系(たとえば体系①)に着目すれば他の体系(②, ③, …, Ⓝ)はその体系

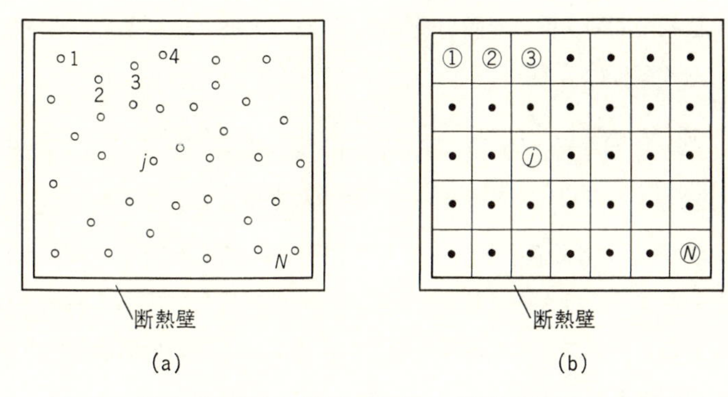

図 6-3　(a)分子の集まり(前章の気体)．(b)体系の集まり(集合)．

の温度を定めるという役割りをする．

このように考えれば，体系の集まりを考えることによって，温度が与えられた 1 つの体系の微視的な振舞いを確率的に知ることができることがわかる．

そこで，問題にしている体系と全く同じ構造の体系を多数考え，この集まりを体系の**集合**(ensemble)という(**集団**ともいう)．

前章で分子の位相空間を考え，N 個の分子の集まりの状態をこの位相空間の中の N 個の点で表わして，その確率的な分布を求めたが，ここでは 1 つの体系を前章の分子の代りに考えて，N 個の体系からなる集合の状態を体系の位相空間の中の N 個の点で表わし，その確率的な分布を求める．体系の状態は代表点で表わされるから，集団の状態は位相空間の中の代表点の集まりで表わされる．この代表点の集まりの確率的な分布を求めるのである．

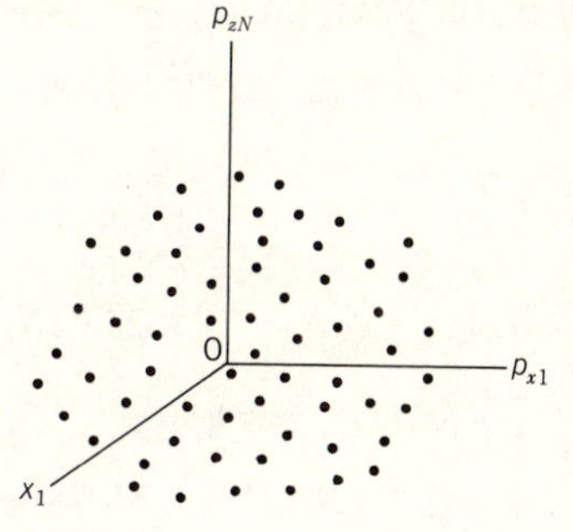

図 6-4　位相空間と代表点の集まり．

体系の位相空間の j 番目の微小領域に N_j 個の体系をおく分配方法の数は，(5.59)と全く同様にして

$$W(N_1, N_2, \cdots, N_j, \cdots) = \frac{N!}{N_1!N_2!\cdots N_j!\cdots} g_1^{N_1} g_2^{N_2} \cdots g_j^{N_j} \cdots \quad (6.9)$$

で与えられる．ただし，ここですべての微視的状態は等しく分配を受ける‘権利’があるとみなしている．いいかえれば微視的状態は，全エネルギーが一定であるというようなほかの条件がなければ，すべて等しい確率で実現されるとしている．これを**アプリオリ確率の原理**，あるいは**等確率の原理**という．これは，位相空間のどこも同じように扱うということを意味している．

これから(6.9)の分配方法の数が最大になる分配，いいかえれば最大の確率をもった分布を求める．このとき体系の総数と全エネルギーは一定に保たなければならない．

まず(6.9)において N は体系の総数であり，

$$N = N_1 + N_2 + \cdots + N_j + \cdots = \sum_j N_j = \text{一定} \quad (6.10)$$

である．ただし，この式で領域 j は連続なので，本当は和は積分であり，(6.8)を参照して

$$\sum_j N_j = \sum_j g_j \frac{N_j}{g_j} = \sum_j (\varDelta\tau)_j \frac{N_j}{(\varDelta\tau)_j} = \int d\tau \frac{N_j}{(\varDelta\tau)_j}$$

とでも書くべきものである．こんな書きかえは実は不要だが，一応説明すると $(\varDelta\tau)_j$ は微小な位相空間の体積，N_j は状態がこの領域内にある体系の数であり，比 $N_j/(\varDelta\tau)_j$ は有限な値をもつ．上式の右辺はこれを位相空間の全領域で積分したものである．同様な注意は以下の式((6.11)～(6.23))のすべてに対していえることである．このような了解の下に，以下では形式的に計算を進める．

領域 j の状態にある体系のエネルギーを E_j とすると，集合の全エネルギーは

$$\mathcal{E} = E_1N_1 + E_2N_2 + \cdots + E_jN_j + \cdots = \sum_j E_jN_j = \text{一定} \quad (6.11)$$

である．この右辺の和は $\int d\tau EN_j/(\varDelta\tau)_j$ の意味である．

N と $\mathcal{E}$ を一定に保って分配方法 $W(N_1, N_2, \cdots, N_j, \cdots)$ が最大になる分布を

求めれば，最も確からしい分布が得られる．この計算は前章の計算と全く同様である．まずスターリングの方法を用いれば

$$\log W(N_1, N_2, \cdots, N_j, \cdots) = \sum_j N_j \log \frac{Ng_j}{N_j} \tag{6.12}$$

この式の右辺は上に注意したように

$$\int d\tau \frac{N_j}{(\Delta\tau)_j} \log\left(N\frac{(\Delta\tau)_j/h^{3n}}{N_j}\right)$$

の意味であるが，このような書きかえは不要である．

最大確率の分布は

$$\delta \log W(N_1, N_2, \cdots, N_j, \cdots) = \sum_j \delta N_j\left(\log \frac{Ng_j}{N_j} - 1\right) = 0 \tag{6.13}$$

と副条件

$$\delta N = \sum_j \delta N_j \tag{6.14}$$

$$\delta \mathcal{E} = \sum_j E_j \delta N_j \tag{6.15}$$

を満たすものとして与えられる．前章で用いたラグランジュの未定乗数法により，最大確率の分布は((5.70)と同様に)

$$\frac{N_j}{N} = g_j e^{-\alpha-\beta E_j} \tag{6.16}$$

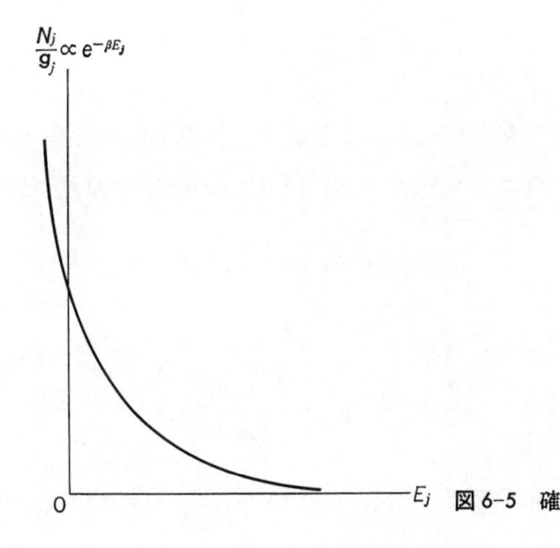

図 6-5 確率分布．

によって与えられる(図 6-5). ここで係数 α, β は副条件(6.10), (6.11)によって定められるものである. このように j 状態にある体系の数がそのエネルギーの指数関数で与えられる集合を**カノニカル集合**(**正準集合**, canonical ensemble)という.

集合には N 個の体系があり, どの体系も同等であるから, 1つの体系に着目すると, これがエネルギー E_j をもつ確率 $f(E_j)$ は

$$f(E_j) = \frac{N_j}{N} \tag{6.17}$$

である. したがって1つの体系が領域 j 内の微視的状態にある確率は

$$f(E_j) = g_j e^{-\alpha-\beta E_j} \tag{6.18}$$

で与えられる. ここで定数 $e^{-\alpha}$ は全確率が1である条件

$$\sum_j f(E_j) = e^{-\alpha}\sum_j g_j e^{-\beta E_j} = 1 \tag{6.19}$$

で定められる. すなわち

$$e^{-\alpha} = \frac{1}{\sum_i g_i e^{-\beta E_i}} \tag{6.20}$$

したがって体系の微視的状態が領域 j にある確率は

$$\boxed{f(E_j) = \frac{g_j e^{-\beta E_j}}{\sum_i g_i e^{-\beta E_i}}} \tag{6.21}$$

である.

β は全エネルギー $\mathcal{E}$ によって定まる. 体系1個の平均エネルギー $\bar{E}$ は $\mathcal{E}/N$ に等しいが, エネルギー E_j の微視的状態の確率は $f(E_j)$ であるから

$$\bar{E} = \frac{\mathcal{E}}{N} = \sum_j E_j f(E_j) \tag{6.22}$$

あるいは

$$\bar{E} = \frac{\sum_j E_j g_j e^{-\beta E_j}}{\sum_i g_i e^{-\beta E_i}} \tag{6.23}$$

となる. これは係数 β を体系の平均エネルギー $\bar{E}$ と関係づける式である. N

個の体系中の1個の体系に対し，残る $N-1$ 個の体系は恒温槽の役目をするので，β はその温度を定める係数である．

この章では体系の集合を扱ってきたが，体系のおのおのを分子1個でおきかえれば，これはそのまま前章で扱った気体になる．このことからもわかるように，β は気体温度 T と関係式

$$\boxed{\beta=\frac{1}{kT}} \tag{6.24}$$

によって関係づけられる．ここで T は理想気体の温度であり，すでに述べたように，熱力学的絶対温度でもある．また k はボルツマン定数である．

(6.18)において g_j は領域 j 内の微視的状態の数であり，α は定数であった．したがって微視的状態の1つが実現される確率は因子

$$e^{-\beta E_j}=e^{-E_j/kT} \tag{6.25}$$

に比例する．確率を与えるこの因子を**ボルツマン因子**(Boltzmann factor)という．

内部エネルギー

物体がもつエネルギー，すなわち内部エネルギー U(第2章参照)は，統計力学的にみれば，その体系の平均エネルギー $\bar{E}$ である．したがって(6.23),(6.24)により

$$U=\frac{\sum_j E_j g_j e^{-\beta E_j}}{\sum_i g_i e^{-\beta E_i}} \qquad \left(\beta=\frac{1}{kT}\right) \tag{6.26}$$

これは $\sum_i g_i e^{-\beta E_i}$ の対数をとって β で微分したものである．すなわち

$$U=-\frac{\partial}{\partial\beta}\log\left(\sum_j g_j e^{-\beta E_j}\right) \tag{6.27}$$

と書ける．

例題1 熱力学でエントロピーを S とし

$$F=U-TS \tag{6.28}$$

とする(これを**自由エネルギー**という)．熱力学と統計力学を結んで

$$F = -kT\log\left(\sum_i g_i e^{-E_i/kT}\right) \tag{6.29}$$

と仮定すると，(6.27)が導かれることを示せ．

［解］ $F/T=U/T-S$ の微分は

$$d\left(\frac{F}{T}\right) = Ud\left(\frac{1}{T}\right)+\frac{1}{T}dU-dS \tag{6.30}$$

であるが，熱力学的関係式(3.46)

$$dS = \frac{1}{T}(dU+PdV)$$

により

$$d\left(\frac{F}{T}\right) = Ud\left(\frac{1}{T}\right)-\frac{P}{T}dV \tag{6.31}$$

よって

$$U = \frac{\partial}{\partial\left(\dfrac{1}{T}\right)}\left(\frac{F}{T}\right) \qquad (V = \text{一定}) \tag{6.32}$$

これに(6.29)を代入すれば(6.27)を得る．❙

(6.29)は実際に正しい式である．これについては後に再びとりあげる((6.110)参照)．

6-3 温度の与えられた古典的体系

いままで位相空間を細かく分けて，その j 番目の領域のエネルギーを E_j，これが実現される確率を $f(E_j)$ などと書いてきた．しかし位相空間は連続であり，その中の1点は体系を構成する n 個の分子の位置座標と運動量成分で定められる．これら分子の座標，運動量を $\boldsymbol{q},\boldsymbol{p}$ で表わせば，位相空間内の1点は

$$(\boldsymbol{q},\boldsymbol{p}) = (x_1, y_1, z_1, x_2, \cdots, z_n,\ p_{x1}, p_{y1}, p_{z1}, p_{x2}, \cdots, p_{zn}) \tag{6.33}$$

で表わされる．位相空間を小さな領域に分けたときの領域 $(d\tau)_j$ の中には(6.8)により $g_j=(d\tau)_j/h^{3n}$ 個の微視的状態が含まれる．(6.8)を(6.18)に代入すれば(添字を除いて)，体系が領域 $d\tau$ 内にある確率として

$$\boxed{f(\boldsymbol{q},\boldsymbol{p})d\tau = Ce^{-\beta E(\boldsymbol{q},\boldsymbol{p})}d\tau} \tag{6.34}$$

を得る．ここで $E(\boldsymbol{q},\boldsymbol{p})$ は体系の微視的状態のエネルギーで，n 個の分子の位置と運動量の関数である(エネルギーを座標 $\boldsymbol{q}$ と運動量 $\boldsymbol{p}$ の関数として表わしたとき，これをハミルトニアン(Hamiltonian)という．ハミルトニアンは $H(\boldsymbol{q},\boldsymbol{p})$ のように文字 H を用いて書くことが多いが，ここでは $E(\boldsymbol{q},\boldsymbol{p})$ と書くことにする)．分子間の相互作用による位置エネルギーは n 個の分子の相互の位置に関係するが，これを $\Phi(\boldsymbol{q})$ と書けば，$\boldsymbol{q}$ と $\boldsymbol{p}$ で表わしたエネルギーは

$$E(\boldsymbol{q},\boldsymbol{p}) = \sum_{j=1}^{n} \frac{1}{2m}(p_{xj}{}^2 + p_{yj}{}^2 + p_{zj}{}^2) + \Phi(\boldsymbol{q}) \tag{6.35}$$

となる．ここで右辺第1項は運動エネルギーである(分子間力は斥力の場合と引力の場合があり，したがって $\Phi(\boldsymbol{q}) \gtrless 0$ であるから，$E(\boldsymbol{q},\boldsymbol{p})$ は負になることもある)．位相空間の素体積(6.3)は

$$d\tau = d\boldsymbol{q}d\boldsymbol{p} \tag{6.36}$$

と書ける．ここで

$$\begin{aligned} d\boldsymbol{q} &= dx_1dy_1dz_1dx_2\cdots dz_n \\ d\boldsymbol{p} &= dp_{x1}dp_{y1}dp_{z1}dp_{x2}\cdots dp_{zn} \end{aligned} \tag{6.37}$$

である．

そこでたとえば体系のエネルギーの平均値(6.26)，すなわち内部エネルギーは

$$U = \bar{E} = \frac{\iint E(\boldsymbol{q},\boldsymbol{p})e^{-\beta E(\boldsymbol{q},\boldsymbol{p})}d\boldsymbol{q}d\boldsymbol{p}}{\iint e^{-\beta E(\boldsymbol{q},\boldsymbol{p})}d\boldsymbol{q}d\boldsymbol{p}} \tag{6.38}$$

で与えられる．また一般に $\boldsymbol{q},\boldsymbol{p}$ の関数 $M(\boldsymbol{q},\boldsymbol{p})$ の平均値は

$$\overline{M(\boldsymbol{q},\boldsymbol{p})} = \frac{\iint M(\boldsymbol{q},\boldsymbol{p})e^{-\beta E(\boldsymbol{q},\boldsymbol{p})}d\boldsymbol{q}d\boldsymbol{p}}{\iint e^{-\beta E(\boldsymbol{q},\boldsymbol{p})}d\boldsymbol{q}d\boldsymbol{p}} \tag{6.39}$$

で与えられる．

特に(6.35)のようにエネルギー $E(\boldsymbol{q},\boldsymbol{p})$ が $\boldsymbol{p}$ だけに依存する運動エネルギー

の部分 $K(\boldsymbol{p})$ と $\boldsymbol{q}$ だけに依存する部分 $\Phi(\boldsymbol{q})$ の和として

$$E(\boldsymbol{q},\boldsymbol{p}) = K(\boldsymbol{p})+\Phi(\boldsymbol{q}) \tag{6.40}$$

のように与えられるときは，ボルツマン因子は2つの因子の積

$$e^{-\beta E(\boldsymbol{q},\boldsymbol{p})} = e^{-\beta K(\boldsymbol{p})}e^{-\beta\Phi(\boldsymbol{q})} \tag{6.41}$$

となる．したがって $\boldsymbol{p}$ だけに依存する量 $M(\boldsymbol{p})$ の平均は

$$\overline{M(\boldsymbol{p})} = \frac{\int M(\boldsymbol{p})e^{-\beta K(\boldsymbol{p})}d\boldsymbol{p}}{\int e^{-\beta K(\boldsymbol{p})}d\boldsymbol{p}} \tag{6.42}$$

すなわち $\boldsymbol{p}$ 空間だけの平均となり，$\boldsymbol{q}$ だけに依存する量 $M(\boldsymbol{q})$ の平均は $\boldsymbol{q}$ 空間だけの平均

$$\overline{M(\boldsymbol{q})} = \frac{\int M(\boldsymbol{q})e^{-\beta\Phi(\boldsymbol{q})}d\boldsymbol{q}}{\int e^{-\beta\Phi(\boldsymbol{q})}d\boldsymbol{q}} \tag{6.43}$$

となる．

6-4 エネルギー等分配の法則

簡単な例として，自由粒子(あるいは1個の気体分子)について考える．エネルギーは

$$E(p) = \frac{1}{2m}p^2 \tag{6.44}$$

である．これが $x=0$ と $x=L$ の間で運動するとすれば，$dq=dx$ であり，運動量 p は $-\infty$ から $+\infty$ まで許されるので，エネルギーの平均は(6.42)により

$$\frac{1}{2m}\overline{p^2} = \frac{\displaystyle\int_{-\infty}^{\infty}\frac{1}{2m}p^2\exp\left(-\frac{\beta p^2}{2m}\right)dp}{\displaystyle\int_{-\infty}^{\infty}\exp\left(-\frac{\beta p^2}{2m}\right)dp} = \frac{\dfrac{1}{2\beta}\left(\dfrac{2\pi m}{\beta}\right)^{1/2}}{\left(\dfrac{2\pi m}{\beta}\right)^{1/2}}$$

$$= \frac{1}{2\beta} = \frac{kT}{2} \tag{6.45}$$

となる((5.82), (5.83)参照).

気体の比熱 気体の内部エネルギーと比熱について考えよう．1モルの気体をとると，分子の数は N_A(アボガドロ数)個ある．各分子は質量 m の質点とみなしてよいとすると，気体全体のエネルギーは

$$E(\boldsymbol{q},\boldsymbol{p}) = \sum_{j=0}^{N_A} \frac{1}{2m}(p_{xj}{}^2+p_{yj}{}^2+p_{zj}{}^2) \tag{6.46}$$

であり，これは $p^2/2m$ の形の項を $3N_A$ だけ含んでいる．温度が T のとき，各項は $kT/2$ だけのエネルギーを与えられるから，気体の内部エネルギーは1モルにつき

$$U = \frac{3}{2}N_A kT = \frac{3}{2}RT \tag{6.47}$$

である($R=N_A k$ は気体定数)．したがって体積を一定にしたときの比熱(定積比熱)は1モルにつき

$$C_V = \left(\frac{\partial U}{\partial T}\right)_V = \frac{3}{2}R \tag{6.48}$$

となる．圧力を一定にしたときの比熱(定圧比熱)を C_P とすると，気体では $C_P-C_V=R$ が成り立つので

$$C_P = \frac{5}{2}R \tag{6.48$'$}$$

比熱比 γ は

$$\gamma = \frac{C_P}{C_V} = \frac{5}{3} = 1.667 \tag{6.48$''$}$$

となる．

すでに第4章で述べたように単原子分子からなる気体(He, Ne, Ar など)では(6.48), (6.48′), (6.48″)は正しいのであるが，2原子分子(H_2, N_2, O_2 など)の定積比熱 C_V は $3R/2$ よりも大きく，ほぼ $5R/2$ に等しい．これらの2原子分子では原子を結ぶ線(分子軸)の方向をきめるのに空間の2つの角 (θ,φ) が必要である．この2つの角に関係した運動量を p_θ, p_φ とすると，回転のエネルギーは $p_\theta{}^2$ と $p_\varphi{}^2$ にそれぞれ比例する項の和となる．これらの項にそれぞれ $kT/2$ のエネルギーが付与されるから，2原子分子1個の回転エネルギーは

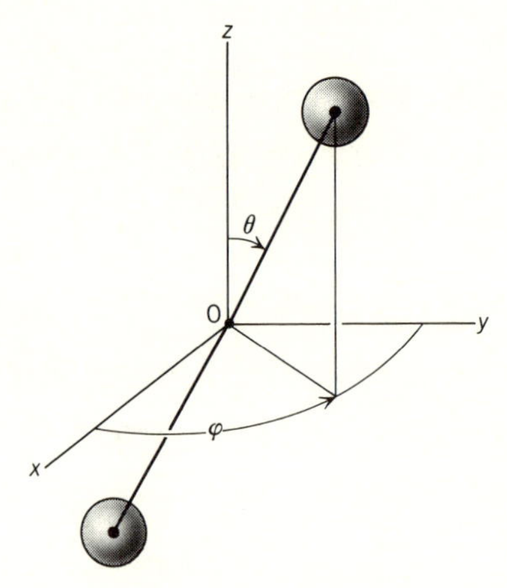

図 6-6　2 原子分子の分子軸の方向.

$$E_{\mathrm{r}} = 2 \cdot \frac{kT}{2} = kT \tag{6.49}$$

となる．したがって重心の運動エネルギー $\frac{3}{2}kT$ と合わせて，2 原子分子 1 個のエネルギーは

$$E = \frac{3}{2}kT + E_{\mathrm{r}} = \frac{5}{2}kT \tag{6.50}$$

である．ゆえに 2 原子分子からなる気体 1 モルの内部エネルギーは

$$U = \frac{5}{2}N_{\mathrm{A}}kT = \frac{5}{2}RT \tag{6.51}$$

定積比熱，定圧比熱，比熱比はそれぞれ

$$\begin{aligned} C_V &= \frac{5}{2}R, \qquad C_P = C_V + R = \frac{7}{2}R \\ \gamma &= \frac{C_P}{C_V} = \frac{7}{5} = 1.400 \end{aligned} \tag{6.52}$$

となる．すでにみたようにこれらの値は実測とよく一致している．

振動子　固体(結晶)の原子や分子は微小な熱振動をしていて，この振動は調和振動とみなしてよい．そこで固体の比熱を考えるには調和振動子の集まり(次節参照)を扱えばよい．その手はじめとして 1 つの調和振動子を考えると，そのエネルギーは

$$E(q, p) = \frac{1}{2m}p^2 + \frac{m}{2}\omega^2 q^2 \tag{6.53}$$

と書ける．座標 q と運動量 p はともに $-\infty$ から $+\infty$ までが許される．運動エネルギーの平均は(6.42)と(6.45)により

$$\frac{\overline{p^2}}{2m} = \frac{\displaystyle\int_{-\infty}^{\infty} \frac{p^2}{2m} \exp\left(-\beta \frac{1}{2m}p^2\right) dp}{\displaystyle\int_{-\infty}^{\infty} \exp\left(-\beta \frac{1}{2m}p^2\right) dp}$$

$$= \frac{1}{2\beta} = \frac{kT}{2} \tag{6.54}$$

さらに振動子の位置エネルギーの平均についても(6.43)により

$$\frac{m}{2}\omega^2 \overline{q^2} = \frac{\displaystyle\int_{-\infty}^{\infty} \frac{m}{2}\omega^2 q^2 \exp\left(-\beta \frac{m}{2}\omega^2 q^2\right) dq}{\displaystyle\int_{-\infty}^{\infty} \exp\left(-\beta \frac{m}{2}\omega^2 q^2\right) dq} = \frac{\dfrac{1}{2\beta}\left(\dfrac{2\pi}{m\beta\omega^2}\right)^{1/2}}{\left(\dfrac{2\pi}{m\beta\omega^2}\right)^{1/2}}$$

$$= \frac{1}{2\beta} = \frac{kT}{2} \tag{6.55}$$

したがって振動子1個のエネルギー(6.53)の平均は(6.54)と(6.55)を加え合わせて

$$\bar{E} = kT \tag{6.56}$$

となる．

固体の比熱　固体の原子(あるいは分子，イオン)が規則正しく配列したのが結晶である．結晶では原子はたがいに力を及ぼし合って結合しているが，微小振動をしていて，その運動は温度が高いほどはげしい．各原子の運動は x, y, z の3方向の調和振動とみなされる．各振動について kT だけのエネルギーが付与されるから，N_A 個の原子からなる結晶の内部エネルギーは

$$U = 3N_A kT = 3RT \tag{6.57}$$

となる．したがって固体の比熱は

$$C_V = \frac{\partial U}{\partial T} = 3R \cong 6\ \mathrm{cal/(mol \cdot K)} \tag{6.58}$$

となるわけである．実際，ふつうの温度では単原子からなる固体の比熱は約 $3R$ に等しい(表 6-1)．これを**デューロン-プティの法則**(Dulong-Petit's law)という．

表 6-1　固体の比熱(常温)

元素	原子量 M	定圧比熱 c_P cal/(g·K)	モル定圧比熱 $C_P=Mc_P$ cal/(mol·K)	モル定積比熱 C_V cal/(mol·K)
Na	23.00	0.307	7.06	6.4
Mg	24.32	0.247	6.00	5.8
Al	27.1	0.218	5.83	5.6
Fe	55.9	0.110	6.14	5.9
Ni	58.7	0.109	6.41	5.9
Cu	63.6	0.093	5.92	5.9

エネルギー等分配　このようにエネルギーの式に p が p^2 に比例する形で含まれているとき，あるいは q が q^2 に比例する形で含まれているときは，そのエネルギー項の平均はすべて等しく $kT/2$ である．たとえば，a, b を定数として

$$E(q,p) = \sum_j (ap_j{}^2 + bq_j{}^2) \tag{6.59}$$

であれば，温度 T のときの平均値は

$$a\overline{p_j{}^2} = b\overline{q_j{}^2} = \frac{kT}{2} \tag{6.60}$$

である．いいかえれば，温度 T のとき，$ap_j{}^2, bq_j{}^2$ の形のエネルギー項にはすべて等しく $kT/2$ のエネルギーが与えられる．これを**エネルギー等分配の法則**(law of the equi-partition of energy)という(4-3 節参照)．

一般的には $E(\boldsymbol{q},\boldsymbol{p})$ が p_j を含むとき

$$\overline{p_j\frac{\partial E}{\partial p_j}} = kT \tag{6.61}$$

また $E(\boldsymbol{q},\boldsymbol{p})$ が q_j を含むとき

$$\overline{q_j\frac{\partial E}{\partial q_j}} = kT \tag{6.62}$$

が成立する．これが，より一般的なエネルギー等分配の法則である．

問 題

1. $E=p^2/2m$, $E=p^2/2m+(m/2)\omega^2x^2$ の場合について(6.61), (6.62)を確かめよ．
2. (6.61)と(6.62)を証明せよ．
3. 調和振動子の力学的運動は

$$q = a\sin\omega t, \quad p = ma\omega\cos\omega t$$

で与えられることを示し，位置エネルギーと運動エネルギーは時間平均において等しいことを示せ．

6-5 分配関数

一般の体系に戻ろう．(6.38)において座標 $\boldsymbol{q}$ に関する積分は体系を入れる容器の中に限られるので，(6.38)の分子も分母も体系の体積 V に関係する．これらは β と V との関数である．そこで V を一定にした偏微分 $\partial/\partial\beta$ を用いると，(6.38)は((6.27)参照)

$$U = -\frac{\partial}{\partial\beta}\log\iint e^{-\beta E(\boldsymbol{q},\boldsymbol{p})}d\boldsymbol{q}d\boldsymbol{p} \tag{6.63}$$

となる．ここで体系の温度と体積 V の関数

$$\boxed{Z(\beta, V) = \iint e^{-\beta E(\boldsymbol{q},\boldsymbol{p})}\frac{d\boldsymbol{q}d\boldsymbol{p}}{h^{3n}}} \tag{6.64}$$

は，被積分 $e^{-\beta E(\boldsymbol{q},\boldsymbol{p})}$ が確率を表わすので，**分配関数**(partition function)とよばれる．これを用いれば

$$U = -\frac{\partial}{\partial\beta}\log Z \tag{6.65}$$

である．

(6.35)によれば $E(\boldsymbol{q},\boldsymbol{p})$ は運動エネルギー $K(\boldsymbol{p})$ と分子間相互作用の位置エネルギーの和なので

$$Z(\beta, V) = \int e^{-\beta K(\boldsymbol{p})} d\boldsymbol{p} \int e^{-\beta \Phi(\boldsymbol{q})} d\boldsymbol{q} \Big/ h^{3n} \tag{6.66}$$

となり，これは2つの積分の積である．さらに

$$\int e^{-\beta K(\boldsymbol{p})} d\boldsymbol{p} = \iint \cdots \int \exp\left\{-\beta \frac{1}{2m} \sum_j (p_{xj}{}^2 + p_{yj}{}^2 + p_{zj}{}^2)\right\} dp_{x1} \cdots dp_{zn} \tag{6.67}$$

であるが，各 dp_{xj} 等に関する積分は同じ値を与えるので

$$\int e^{-\beta K(\boldsymbol{p})} d\boldsymbol{p} = \left(\int \exp\left(-\frac{\beta}{2m}\xi^2\right) d\xi\right)^{3n} = \left(\frac{2\pi m}{\beta}\right)^{3n/2} \tag{6.68}$$

となる．したがって分配関数は

$$Z(\beta, V) = \left(\frac{2\pi m}{\beta h^2}\right)^{3n/2} \int e^{-\beta \Phi(\boldsymbol{q})} d\boldsymbol{q} \tag{6.69}$$

と書ける．ここで因子 $1/h^{3n}$ を右辺第1項に含ませた．

例題1 結晶の原子のような n 個の調和振動子について((6.53)参照)

$$\Phi(\boldsymbol{q}) = \frac{m}{2}(\omega_1{}^2 x_1{}^2 + \omega_2{}^2 y_1{}^2 + \cdots + \omega_{3n}{}^2 z_n{}^2) \tag{6.70}$$

とする．この体系の分配関数，内部エネルギーを求めよ．

［解］ 題意により

$$\int e^{-\beta \Phi(\boldsymbol{q})} d\boldsymbol{q} = \int_{-\infty}^{\infty} \exp\left(-\beta \frac{m}{2} \omega_1{}^2 x_1{}^2\right) dx_1 \int_{-\infty}^{\infty} \exp\left(-\beta \frac{m}{2} \omega_2{}^2 y_1{}^2\right) dy_1 \cdots$$
$$\times \int_{-\infty}^{\infty} \exp\left(-\beta \frac{m}{2} \omega_{3n}{}^2 z_n{}^2\right) dz_n$$
$$= \left(\frac{2\pi}{m\beta}\right)^{3n/2} \frac{1}{\omega_1 \omega_2 \cdots \omega_{3n}} \tag{6.71}$$

振動数が体積 V によらなければ，分配関数も体積によらず，(6.69), (6.71)により

$$Z(\beta) = \prod_{j=1}^{3n} \frac{2\pi}{h\omega_j \beta} = \prod_{j=1}^{3n} \frac{kT}{h\nu_j} \tag{6.72}$$

となる．ここで $\omega_j = 2\pi\nu_j$ とおいた．ν_j は振動数を意味する．内部エネルギーは

$$U = -\frac{\partial}{\partial\beta}\log Z(\beta) = -\frac{\partial}{\partial\beta}\sum_{j=1}^{3n}\log\frac{2\pi}{h\omega_j\beta} = \frac{3n}{\beta}$$

すなわち n 個の調和振動子の集まりの内部エネルギーは

$$U = 3nkT \tag{6.73}$$

であり，1個の振動子のエネルギーは kT に等しい((6.56)参照). ▎

なお，分配関数において，変数を逆温度 β でなく，温度 T とするときは，これを $Z(T, V)$ と書くことにしよう.

同等な分子からなる体系　分配関数は(6.64)で定義したが，体系が同等な分子からなり，分子の位置交換が可能なときは，この式の積分について注意しなければならないことがある．分配関数はすべての可能な微視的状態について $e^{-\beta E(\boldsymbol{q},\boldsymbol{p})}$ を加え合わすために位相空間で積分するのであるが，同じ微視的状態をなんども重複して加え合わせてはならないと約束する.

同じ微視的状態をすべて同じ回数だけ重複して数えることにしても，分配関数にはその回数が掛かるだけで，内部エネルギー(6.65)などには影響がない．したがってこの節の範囲ではこれはどうでもいい約束ごとであるが，後の節でエントロピーを論じたりするときには，この約束は大変重要な意味をもってくる．これについては6-8節にゆずることにして，ここでは微視的状態をいちどだけ数えることにしよう.

同等な分子 n 個からなる体系で，各分子について位相空間の可能な範囲で独立に積分すれば，分子のとりかえの方法の数，すなわち $n!$ 回重複して積分したことになる．そこで，独立に積分すれば，その結果を $n!$ で割らなければならない．したがって(6.64)は，n 個の同等な分子の体系では

$$Z(\beta, V) = \frac{1}{n!}\iint_{(n\text{個分子独立})} e^{-\beta E(\boldsymbol{q},\boldsymbol{p})}\frac{d\boldsymbol{q}d\boldsymbol{p}}{h^{3n}} \tag{6.74}$$

としなければならない．同様な注意は(6.66), (6.69)においても必要である．(6.69)の形に分配関数を書くとき，因子 $1/n!$ は空間積分の方につけるのがふつうである．したがって(6.69)において分配関数の空間部分 $Z_\Phi = \int e^{-\beta\Phi(\boldsymbol{q})}d\boldsymbol{q}$ は

$$Z_\Phi(\beta, V) = \frac{1}{n!}\int_{(n\text{ 個分子独立})} e^{-\beta\Phi(\boldsymbol{q})} d\boldsymbol{q} \tag{6.75}$$

でおきかえればよい．このとき(6.68)により分配関数は

$$Z(\beta, V) = \left(\frac{2\pi m}{\beta h^2}\right)^{3n/2} \frac{1}{n!}\int e^{-\beta\Phi(\boldsymbol{q})} d\boldsymbol{q} \tag{6.76}$$

で与えられる．

最も簡単な例として n 個の同等な分子からなる理想気体を考えよう．理想気体では分子間の相互作用はないので $\Phi(\boldsymbol{q})=0$ であり，したがって

$$\begin{aligned} Z_\Phi &= \frac{1}{n!}\int e^{-\beta\Phi} d\boldsymbol{q} = \frac{1}{n!}\iint\cdots\int dx_1 dy_1 \cdots dz_n \\ &= \frac{1}{n!}\iiint_V dx_1 dy_1 dz_1 \iiint_V dx_2 dy_2 dz_2 \int\cdots\iiint_V dx_n dy_n dz_n \\ &= \frac{1}{n!} V^n \end{aligned} \tag{6.77}$$

よって理想気体の分配関数は

$$Z(\beta, V) = \left(\frac{2\pi m}{\beta h^2}\right)^{3n/2} \frac{1}{n!} V^n \tag{6.78}$$

となる．

問　題

1. (6.69)を用いて，内部エネルギーは

$$U = \frac{3}{2}nkT + \overline{\Phi}(\boldsymbol{q}) = \frac{3}{2}nkT - \frac{\partial}{\partial\beta}\log\int e^{-\beta\Phi(\boldsymbol{q})} d\boldsymbol{q}$$

となることを示せ．

2. 理想気体(分子数 n，体積 V)について

$$Z_\Phi = \frac{1}{n!}\int e^{-\beta\Phi(\boldsymbol{q})} d\boldsymbol{q} = \frac{1}{n!} V^n \cong \left(\frac{V}{n}e\right)^n \qquad (n \gg 1)$$

分配関数は

$$Z(\beta, V) = \left(\frac{2\pi m}{\beta h^2}\right)^{3n/2} \left(\frac{V}{n}e\right)^n$$

となることを示せ．また1分子あたりの体積 V/n を一定にすれば $\log Z$ は n に比例することを示せ．

6-6 圧力

体系がピストンのついた容器に入っているとしよう(図 6-7)．ピストンの面積を A とし，体系がピストンを押している圧力を P とすると，ピストンにかかる力 F は

$$F = PA \tag{6.79}$$

である．この力は体系の分子がピストンを押す力の総和の平均である．簡単な体系からはじめて，圧力に対する一般的な式を求めよう．ピストンの軸は x 方向にあるとする．

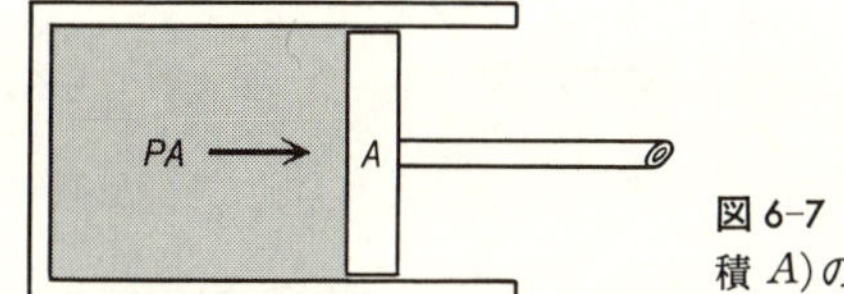

図 6-7　ピストン(面積 A)の圧力 P.

自由粒子と気体　容器の中に 1 個の自由粒子があって熱運動しているとする．ピストンは固体であるが，やはり分子からできているので，粒子と及ぼし合う力は，粒子がピストンの表面に近づき，ピストンにめりこもうとすれば急激に大きくなる斥力である．そこで粒子の位置を x，ピストンが粒子に押される力を $f(x)$ とする．この力は粒子が分子の大きさの程度の距離 δ までピストンに近づいたときだけはたらくが，図 6-8 ではこれを眼に見えるようにピストンの付近で拡大し，誇張して示してある．$f(x)$ が急激に大きくなる位置 L はピストンの表面である．作用反作用の法則により，粒子は $-f(x)$ の力で押し返されるから，ピストンと粒子の相互作用のポテンシャルを $w(x-L)$(ピストンの位置 L から x を測って $x-L$ の関数とする)とすると

$$-f(x) = -\frac{dw(x-L)}{dx}$$

あるいは

$$f(x) = \frac{dw(x-L)}{dx} \tag{6.80}$$

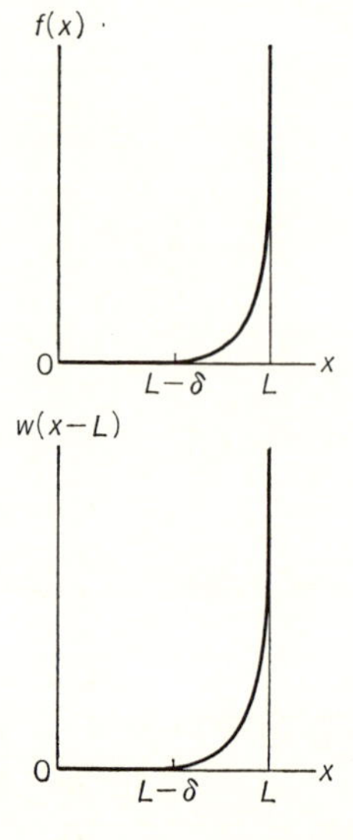

図 6-8 粒子がピストンに及ぼす力とそのポテンシャル(ピストンの付近を目に見えるように拡大してある).

である. $w(x-L)$ も x がピストンの位置 L に近づくと急激に大きくなり, $x \geqq L$ で $w(x-L)=+\infty$ となる(図 6-8).

ピストンにはたらく力を問題にしているので, ピストン以外の容器の壁は幾何学的に領域を仕切る境界と考えてよい. x 方向の領域は $x=0$ の壁で区切られていて $x>0$ であるとする. ピストンの斥力はごく小さな範囲しか及ばない. したがって

$$w = 0\,(x < L-\delta), \qquad w = +\infty\,(x \geqq L) \tag{6.81}$$

である. 自由粒子の位置エネルギーは $w(x-L)$ だけであるから, 粒子の存在確率はボルツマン因子 $e^{-\beta w(x-L)}$ に比例する. したがって粒子がピストンに及ぼす力の平均は

$$\overline{f(x)} = \frac{\displaystyle\int_0^\infty f(x)e^{-\beta w(x-L)}dx}{\displaystyle\int_0^\infty e^{-\beta w(x-L)}dx} \tag{6.82}$$

となる. ここで上式の分子は, (6.80)の $f(x)$ を代入すると積分できて

$$\int_0^\infty f(x)e^{-\beta w(x-L)}dx = \int_0^\infty \frac{dw(x-L)}{dx}e^{-\beta w(x-L)}dx$$

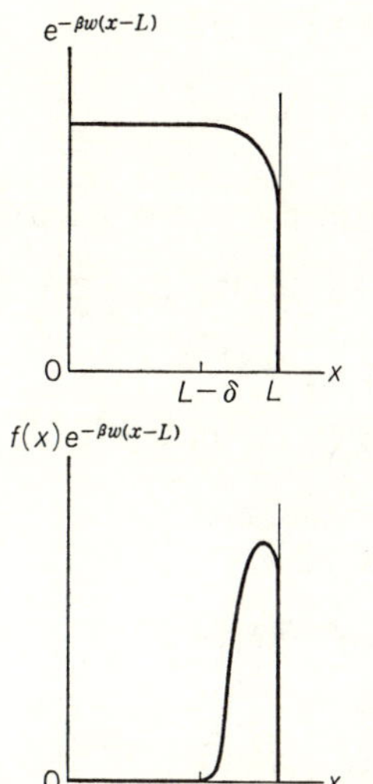

図 6-9 ピストンの付近(図 6-8 と同様に拡大してある).

$$
= \frac{1}{\beta}\left(-e^{-\beta w(x-L)}\right)\Big|_0^\infty = \frac{1}{\beta} \tag{6.83}
$$

となる．ここで $x=\infty$ で $w(\infty)=+\infty$，したがって $e^{-\beta w(\infty)}=0$ なので，積分の下限 $x=0$ だけが寄与している(図 6-9 参照).

また分母で被積分 $e^{-\beta w(x-L)}$ は $x=L$ の極めて近くを除き 1 であり，$x \geqq L$ で 0 であるから

$$
\int_0^\infty e^{-\beta w(x-L)}dx = \int_0^L dx = L \tag{6.84}
$$

としてよい．したがって自由粒子がピストンに及ぼす力は

$$
\overline{f(x)} = \frac{1/\beta}{L} = \frac{kT}{L} \tag{6.85}
$$

このような自由粒子 n 個からなる気体を考えると，ピストンに及ぼす力 F は，個々の粒子が及ぼす力の n 倍であるから，

$$
F = n\overline{f(x)} = \frac{nkT}{L} \tag{6.86}
$$

ピストンの表面積は A なので，容器の体積は

$$
V = LA \tag{6.87}
$$

である．したがって(6.79)により，圧力は

$$P=\frac{nkT}{V} \tag{6.88}$$

で与えられることになる．これはボイル-シャルルの法則にほかならない．

上の扱いを一般の体系へ拡張するため，次のことを注意しておこう．まず(6.80)で変数は $x-L$ であるから，これを

$$f(x)=-\frac{\partial w(x-L)}{\partial L} \tag{6.89}$$

としてもよい．これを用いて(6.82)を書き直すと

$$\begin{aligned}\overline{f(x)}&=\frac{-\int_0^\infty \frac{\partial w(x-L)}{\partial L}e^{-\beta w(x-L)}dx}{\int_0^\infty e^{-\beta w(x-L)}dx}\\&=\frac{1}{\beta}\frac{\partial}{\partial L}\log\int_0^\infty e^{-\beta w(x-L)}dx\end{aligned} \tag{6.90}$$

を得る．ここでポテンシャル $w(x-L)$ は $x\geqq L$ で $+\infty$ であり，$x<L$ では 0 とみなしてよいから，(6.83)により

$$\overline{f(x)}=\frac{1}{\beta}\frac{\partial}{\partial L}\log L=\frac{1}{\beta L} \tag{6.91}$$

となり，(6.85)が再び得られる．

一般の体系の圧力　分子間に相互作用があるとき，すなわち，不完全気体や液体の場合も同様に圧力の計算を実行することができる．ピストンは x 軸に垂直であるとし，体系の j 番目の分子の x 座標を x_j，これがピストンに及ぼす力のポテンシャルを $w(x_j-L_1)$ としよう(ピストンの位置を $x=L_1$ とする)．分子間の相互作用を $\Phi(\boldsymbol{q})$ とすると，これはすべての分子の位置に関係し，分子の総数を n とすると

$$\Phi(\boldsymbol{q})=\Phi(x_1,y_1,\cdots,z_n) \tag{6.92}$$

と書ける．位相エネルギーは全体として

$$\Phi+\sum_{j=1}^{n}w(x_j-L_1)=\Phi(x_1,y_1,\cdots,z_n)+\sum_{j=1}^{n}w(x_j-L_1) \tag{6.93}$$

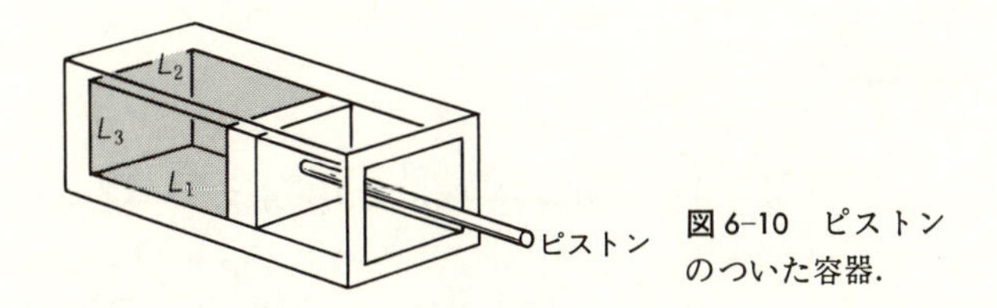

図 6-10　ピストンのついた容器.

である. 図 6-10 のように, ピストンの位置は $x=L_1$ であり, y 方向, z 方向の容器の大きさはそれぞれ L_2, L_3 であるとしよう. ピストンの面積 A と体系の体積 V は

$$A = L_2L_3, \qquad V = L_1L_2L_3 = L_1A \tag{6.94}$$

である. 圧力 P は

$$P = \frac{n}{A}\overline{f(x_1)} \tag{6.95}$$

であり, (6.82) に相当して

$$\overline{f(x_1)} = \frac{\iint\cdots\int dx_1dy_1\cdots dz_n \dfrac{dw(x_1-L_1)}{dx_1}\exp\left[-\beta\left\{\Phi+\sum_{j=1}^{n}w(x_j-L_1)\right\}\right]}{\iint\cdots\int dx_1dy_1\cdots dz_n \exp\left[-\beta\left\{\Phi+\sum_{j=1}^{n}w(x_j-L_1)\right\}\right]} \tag{6.96}$$

ただし, ここですべての x 座標 x_j については 0 から ∞ まで積分するものとする.

(6.96) は (6.90) と同じように書き直すことができる. (6.96) の分子と分母の被積分で L_1 を含むのは $\sum_j w(x_j-L_1)$ だけであるから, $j=1, 2, \cdots, n$ がすべて等しい寄与を与えることを考慮すれば

$$n\overline{f(x_1)} = \frac{1}{\beta}\frac{\partial}{\partial L_1}\log\iint\cdots\int dx_1dy_1\cdots dz_n \exp\left[-\beta\left\{\Phi(\boldsymbol{q})+\sum_{j=1}^{n}w(x_j-L_1)\right\}\right] \tag{6.97}$$

を得る. ここでもすべての x 座標 x_j については 0 から ∞ まで積分するわけであるが, $w(x_j-L_1)$ は $x_j<L_1-\delta$ で 0 であり, $x\geqq L_1$ で ∞ になるから, δ が非常に小さいことを考えれば, x 座標についての積分を 0 と L_1 の範囲に限って

その代り $\sum_j w(x_j-L_1)$ を省いてもよいことがわかる．したがって(6.97)の右辺の積分は

$$\iint\cdots\int dx_1dy_1\cdots dz_n \exp\left[-\beta\left\{\Phi(\boldsymbol{q})+\sum_{j=1}^{n} w(x_j-L_1)\right\}\right]$$

$$=\iint_{(V)}\cdots\int dx_1dy_1\cdots dz_n e^{-\beta\Phi(\boldsymbol{q})}=\int e^{-\beta\Phi(\boldsymbol{q})}d\boldsymbol{q} \tag{6.98}$$

としてよい．ここで添字(V)は体系の体積 V の中で積分することを表わす．また最後の式では空間部分の積分を簡略化して書いた．

さらに(6.94)により $V=AL_1$ であるから，L_1 を変化させるとき

$$\frac{1}{A}\frac{\partial}{\partial L_1}=\frac{\partial}{\partial V} \tag{6.99}$$

したがって，(6.95)，(6.97)，(6.98)により，圧力は

$$P=\frac{1}{\beta}\frac{\partial}{\partial V}\log\int e^{-\beta\Phi(\boldsymbol{q})}d\boldsymbol{q} \tag{6.100}$$

もしも n 個の分子がすべて同等のものであれば，(6.100)の右辺の積分は $n!$ で割ったとき分配関数の空間部分(6.75)になる．しかし(6.100)においてはこの積分の対数をとって体積 V で微分しているから，この計算で因子 $n!$ は無関係である．したがって分配関数の空間部分 Z_Φ を用いて，(6.100)を

$$P=\frac{1}{\beta}\frac{\partial}{\partial V}\log Z_\Phi(\beta, V) \tag{6.101}$$

としてもよい．さらに，分配関数(6.64)は

$$Z(\beta, V)=\iint e^{-\beta E(\boldsymbol{q},\boldsymbol{p})}\frac{d\boldsymbol{q}d\boldsymbol{p}}{h^{3n}}$$

$$=\left(\frac{2\pi m}{\beta h^2}\right)^{3n/2}Z_\Phi \tag{6.102}$$

であるが，体積 V に関係するのは Z_Φ だけである．したがって(6.101)は

$$P=\frac{1}{\beta}\frac{\partial}{\partial V}\log Z(\beta, V) \tag{6.103}$$

と書ける．あるいは変数を T と V にして

$$P = kT\frac{\partial}{\partial V}\log Z(T, V) \tag{6.104}$$

を得る．これは圧力を分配関数で表わす一般的な式である．

例えば理想気体では分配関数が(6.78)で与えられるので，n 個の分子からなる理想気体では $Z \propto V^n$ であるから

$$P = kT\frac{\partial}{\partial V}\log V^n = \frac{nkT}{V}$$

となり，ボイル-シャルルの法則が得られる．

6-7 エントロピー

体系のエネルギーの増加 dU は，外部からもらった熱量 dQ から外へした仕事 PdV を引いたものであるから，$dU = dQ - PdV$．したがって

$$dQ = dU + PdV \tag{6.105}$$

である．ここで分配関数(6.64)を用いれば，内部エネルギー U は(6.63)により

$$U = kT^2\frac{\partial}{\partial T}\log Z(T, V) \tag{6.106}$$

と書け，圧力は(6.104)で与えられる．さらに

$$d\left(\frac{U}{T}\right) = \frac{dU}{T} - \frac{U}{T^2}dT \tag{6.107}$$

であることに注意して(6.105)を書き直し，(6.104)と(6.106)を用いて変形すれば

$$\begin{aligned}\frac{dQ}{T} &= \frac{dU+PdV}{T} = d\left(\frac{U}{T}\right) + \frac{U}{T^2}dT + \frac{P}{T}dV \\ &= d\left(\frac{U}{T}\right) + kdT\frac{\partial}{\partial T}\log Z(T, V) + kdV\frac{\partial}{\partial V}\log Z(T, V) \\ &= d\left(\frac{U}{T}\right) + d\{k\log Z(T, V)\} \end{aligned} \tag{6.108}$$

となるが，これは完全微分である．実際，この左辺は熱力学で定義したエント

ロピー S の微分 dS である．そこで(6.108)を積分して

$$\boxed{S = \frac{U}{T} + k \log Z(T, V)} \tag{6.109}$$

を得る．これがエントロピー S と分配関数 $Z(T, V)$ の間の関係である．自由エネルギーを導入すれば，次式の熱力学的関係式を得る．

$$F = E - TS = -kT \log Z(T, V) \tag{6.110}$$

(6.108)を積分して(6.109)を導くことからわかるように，エントロピーの式(6.109)は任意定数(積分定数)を付け加えてもよい．この定数は古典統計力学の範囲ではきまらない．このことは，位相空間の素体積 $\tau_0 = h^f$ (f は自由度)の値が古典統計力学できまらない事実にも関係している．すでに触れたように，量子力学の極限として古典力学が導かれることを考慮して，定数 h はプランク定数であることが定められるのである．

さらに熱力学で要請したように，エントロピーは同じ体系を 2 つ合わせればエントロピーも 2 倍になるという性質をもたなければならない．すなわち，エントロピーは体系の量(分子の数)に比例する量(示量変数)である．エントロピーに付加定数をつけるならば，これも分子の数に比例するものでなければならないわけである．しかし，そのような付加定数を無理につける必要はない．われわれは(6.109)をエントロピーとして採用する．なおこのことについては 6-8 節において再び述べることにしよう(ボルツマンの原理，式(6.127)参照)．

同等な分子からなる気体　気体では $\Phi(\boldsymbol{q})=0$ なので分配関数の空間部分は((6.78)および 6-5 節問題 2 参照)

$$\frac{1}{n!}\int e^{-\beta\Phi(\boldsymbol{q})} d\boldsymbol{q} = \frac{V^n}{n!} \cong \left(\frac{V}{n}e\right)^n \tag{6.111}$$

となる．よって，エントロピーは

$$\begin{aligned} S &= \frac{3}{2}nk + k \log\left\{\left(\frac{2\pi mkT}{h^2}\right)^{3n/2}\left(\frac{V}{n}e\right)^n\right\} \\ &= nk \log\frac{V}{n} + \frac{3}{2}nk \log T + nk \log\left[\left(\frac{2\pi mk}{h^2}\right)^{3/2} e^{5/2}\right] \end{aligned} \tag{6.112}$$

あるいは $U=\dfrac{3}{2}nkT$ を用いて

$$S = nk\log\frac{V}{n}+\frac{3}{2}nk\log\frac{U}{n}+nk\log\left[\left(\frac{4\pi m}{3h^2}\right)^{3/2}e^{5/2}\right] \qquad (6.113)$$

と書ける．1分子あたりの体積 V/n，1分子あたりのエネルギー U/n(あるいは温度)を一定に保てば，エントロピーは分子数に比例することが確かめられた．

もしも(6.111)に因子 $1/n!$ をつけなかったら，エントロピーに余分な項

$$k\log n! \cong nk(\log n-1) \qquad (6.114)$$

がつく．これは分子数 n に比例しないので，エントロピーは示量変数でなくなる．そして同じ気体を2つ連結すれば，エントロピーは

$$\begin{aligned} k\log(2n)! &\cong 2nk(\log 2n-1) \\ &= 2nk(\log n-1)+2nk\log 2 \end{aligned} \qquad (6.115)$$

となり，2つの気体が別々にあるときに比べて，連結するとエントロピーが $2nk\log 2$ だけ増えるという不思議なことが起こることになる．これは**ギブスのパラドックス**(Gibbs' paradox)とよばれるが，このパラドックスは因子 $1/n!$ をつけることによって解消されたわけである．

混合のエントロピー　それぞれ n 個の分子からなり，同体積 V をもつ2種類の異なる気体があったとしよう．温度は一定で，したがって圧力は等しいとする．これらが分離されて別々にあるときのエントロピーは，それぞれのエントロピーの和で

$$\begin{aligned} S_{\text{分離}} &= S_1+S_2 \\ &= 2\left\{nk\log\frac{V}{n}+\frac{3}{2}nk\log T\right\}+nk\log\left[\left(\frac{2\pi m_1 k}{h^2}\right)^{3/2}e^{5/2}\right] \\ &\quad +nk\log\left[\left(\frac{2\pi m_2 k}{h^2}\right)^{3/2}e^{5/2}\right] \end{aligned} \qquad (6.116)$$

である．これらの気体を連結するとたがいに拡散し，体積 $2V$ の混合気体ができる．このときの分配関数の空間部分は，それぞれの気体の分子が体積 $2V$ の中を動きまわるので

$$\frac{1}{n!}(2V)^n\cdot\frac{1}{n!}(2V)^n \cong \left(\frac{2V}{n}e\right)^{2n} \qquad (6.117)$$

したがって，混合気体の分配関数は

$$Z(T, V) = \left(\frac{2\pi m_1 kT}{h^2}\right)^{3n/2}\left(\frac{2\pi m_2 kT}{h^2}\right)^{3n/2}\left(\frac{2V}{n}e\right)^{2n} \tag{6.118}$$

であり，エントロピーは

$$\begin{aligned} S_{混合} &= 2\left\{nk\log\frac{2V}{n}+\frac{3}{2}nk\log T\right\}+nk\log\left[\left(\frac{2\pi m_1 k}{h^2}\right)^{3/2}e^{5/2}\right] \\ &\quad +nk\log\left[\left(\frac{2\pi m_2 k}{h^2}\right)^{3/2}e^{5/2}\right] \\ &= S_1+S_2+\Delta S \end{aligned} \tag{6.119}$$

ただし

$$\Delta S = 2nk\log 2 \tag{6.120}$$

となる．$\Delta S\,(>0)$は気体が混合したためのエントロピーの増加を意味する．気体が拡散によって混ざる現象は不可逆であり，そのためエントロピーが増大したのである．

問　題

1.　調和振動子の集まりについて，分配関数(6.72)を用いてそのエントロピーを計算せよ．これと比熱の式 $C_V=T(\partial S/\partial T)_V$ を用いて，この体系の比熱を求めよ．

6-8　力学と確率

前の章では気体分子の位置や速度の分布を確率論的に考え，この章では一般の体系に対しても同様に考えてきた．しかし，もしも体系(あるいは体系の集まり)が外部からの影響をほとんど受けないならば，体系内の分子の運動は壁との衝突，分子間相互の力によってほとんど決定される．外部からの影響を小さくした極限では，体系は完全に力学的に記述されることになる．この体系の微視的状態の変化は力学の運動方程式で完全に決定論的に記述されるわけであるから，確率論的に考えることが正しいかどうか，という問題がある．これは統計力学が作られた前世紀のおわりの頃に深刻に論じられ，確率論的な考えが力学の運動方程式と矛盾しないことが示された.

この問題を最もくわしく議論したボルツマンは，どのような初期条件から出発しても，代表点は許された微視的状態のすべてを通過すると仮定した．これを**エルゴードの仮説**という．この仮説は簡単な力学的モデルや数学的モデルを参照しながらくわしく論じられていて，数学的にはより精密な表現が与えられている．しかし現実的なやや複雑な力学系についてこの仮説が厳密に証明されたものはない．ここでは1つの簡単な例を挙げるにとどめよう.

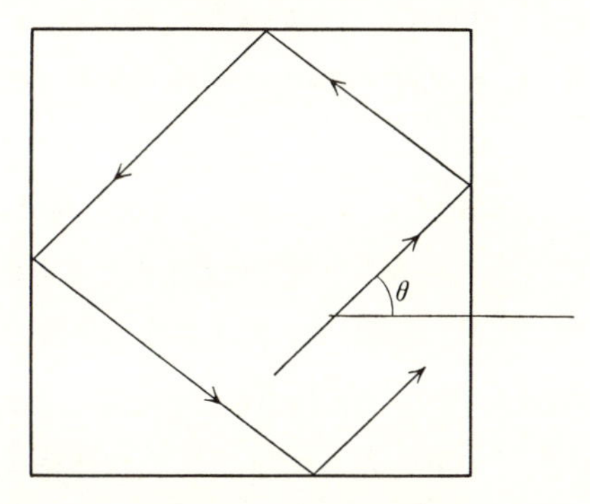

図6-11 ワイルの撞球.

正方形の枠で区切られた水平面の台上で運動する質点があり，枠にあたったときは正反射するとしよう．これをワイル(Weyl)の撞球という．運動しはじめる向きが1辺となす角をθとしたとき，もしも傾き$\tan\theta$が無理数ならば質点はこの面上を一様に通過する．しかしもしも傾き$\tan\theta$が有理数，すなわち$\tan\theta=n/m$ $(n, m=0, 1, 2, \cdots)$ならば，質点は有限回数の反射の後にはじめのところに戻って，同じ運動を繰り返す．したがって，この場合の運動は非エルゴード的である．しかし，有理数に比べて無理数は圧倒的に多い(いいかえれば無理数に比べれば有理数の測度(measure)はゼロである)から，任意の方向に撞き出されたワイルの撞球は，ほとんど常に台の上をまんべんなく一様に通過する．したがって測度ゼロの特別の場合を除き，ワイルの撞球は位置空間に関してエルゴード的である.

完全な調和振動子の集まりのような特別の体系を除き，現実の体系はほとんどすべてエルゴード的であろう．たとえば，すでに考察した気体分子の分布を考えると，すべての分子の容器内における位置を指定したものが微視的分布であり，分子は運動し，壁と衝突し，たがいに衝突してたえず位置を変えて，長時間の間にはすべての可能な微視的分布をとるだろう．他方で容器内を体積 $V_1, V_2, \cdots$ の領域に分けたとき，それぞれの領域内の分子数 $N_1, N_2, \cdots$ を指定したものは分布の巨視的分布である．1つの巨視的分布に属する微視的分布の数を $W(N_1, N_2, \cdots)$ とし，その最も確からしいものを求めた．これをエルゴード仮説によって考えると，すべての微視的状態が実現されるが，最も確からしい巨視的分布は最も多くの微視的分布を含むものであり，そのために代表点の滞在時間が長いということになる．

エントロピー　6-2 節で考えた体系の集合はそれ自身でエネルギーが限定された大きな体系を形成し，これは N 個の体系からなるものと見なすことができる．この大きな体系を Σ_N で表わし，体系を Σ で表わそう．Σ_N の巨視的状態は，N 個の Σ の微視的状態がどのように分布しているかによって定まる．微視的状態 j にある体系 Σ の数を N_j とすると大きな体系 Σ_N の巨視的状態は N_j の組 $(N_1, N_2, \cdots, N_j, \cdots)$ によって定められ，この巨視的状態が含む微視的状態の数は $W(N_1, N_2, \cdots)$ であった（式(6.9)）．微視的状態は等しい確率で実現されるから，ある瞬間，微視的状態の数 $W(N_1, N_2, \cdots)$ が小さい巨視的状態にあったとしても，すぐに $W(N_1, N_2, \cdots)$ の大きい巨視的状態へ移行するにちがいない．他方で孤立した大きな体系はエントロピーの大きい状態へ移行する（エントロピー増大の定理）．したがってエントロピーを微視的状態の数と対応させるのが自然であろう．そこで $\log W(N_1, N_2, \cdots)$ という量を考えてみると，これを最大にする $N_1, N_2, \cdots$ の組(6.16)に対して，(6.12)と(6.17)により

$$\log W(N_1, N_2, \cdots) = -N \sum_j f(E_j) \log \frac{f(E_j)}{g_j} \tag{6.121}$$

これに(6.18)を代入すると，(6.20)を用いて

$$\begin{aligned}\log W(N_1, N_2, \cdots) &= -N \sum_j g_j e^{-\alpha-\beta E_j} \log e^{-\alpha-\beta E_j} \\ &= N e^{-\alpha} \sum_j g_j e^{-\beta E_j} (\alpha + \beta E_j)\end{aligned}$$

$$= N\beta\frac{\sum_j E_j g_j e^{-\beta E_j}}{\sum_i g_i e^{-\beta E_i}} + N\alpha \tag{6.122}$$

ゆえに

$$\log W(N_1, N_2, \cdots) = N\beta U + N\log\sum_i g_i e^{-\beta E_i} \tag{6.123}$$

ここで U は Σ(体系)の内部エネルギーである.

さて大きな体系 Σ_N のエントロピーが $W(N_1, N_2, \cdots)$ に関係し

$$S_N = k\log W(N_1, N_2, \cdots) \tag{6.124}$$

で与えられると仮定してみよう．そうすると，大きな体系 Σ_N は N 個の体系 Σ からなるため，S_N と体系 Σ のエントロピー S の間に

$$S_N = NS \tag{6.125}$$

の関係がなければならない．これはエントロピーが体系の数に比例する量(示量変数)だからである．そこで(6.123)～(6.125)から体系 Σ のエントロピーを求めると

$$S = \frac{U}{T} + k\log\sum_j g_j e^{-\beta E_j} \tag{6.126}$$

となるが，これは(6.109)と同じ結果である．したがって(6.124)は正しいことがわかる.

一般に巨視的状態を α で指定し，この状態のエントロピーを $S(\alpha)$，この巨視的状態に属する微視的状態の数を $W(\alpha)$ とすると，これらは

$$\boxed{S(\alpha) = k\log W(\alpha)} \tag{6.127}$$

によって関係づけられる．簡単にいうと，エントロピーは実現可能な微視的状態の対数で与えられる．これを**ボルツマンの原理**という．はじめボルツマンによって考え出され，プランク(Max Planck)はこれを用いて統計力学を構成した．すなわちこの原理と $W(\alpha)$ を求めるのに必要な等確率の原理を基礎にすれば，統計力学を構成することができるのである．この方法は形式的に美事であるが，やや抽象的なので，本書ではより初等的に具体例を積み重ねて統計力学を説明する方法をとった.

ボルツマン

(Ludwig Boltzmann, 1844–1906)

気体の性質を分子論的に説明することはベルヌーイなどによって早くから試みられていたが，マクスウェルは気体分子の速度分布を明らかにし，気体の粘性や熱伝導を扱う極めて精密な気体分子運動論を展開した．マクスウェルは電磁気学を完成させただけでなく，この方面でも偉大な研究者だったのである．さらに彼は科学的に後進国であったオランダのファン・デル・ワールスの気体凝縮の論文をイギリスに紹介したり，アメリカのギブスの多成分不均一系の熱力学を高く評価して紹介したりしている．

マクスウェルの気体分子運動論の論文を読んだ若いボルツマンはこの論文のすばらしさに感激し，一生をこの研究の発展にささげる決心をした．ボルツマンはウィーンで税務官の息子として生まれたオーストリアの物理学者である．マクスウェルの気体分子の速度分布の厳密な力学的証明を試み，1872年には気体分子の速度分布が時間的に変化する様子を与える方程式(ボルツマン方程式とよばれる)を導き，平衡状態でない速度分布から出発しても時間がたつと最終的にはマクスウェルの速度分布になることを証明した．これによって熱力学の不可逆現象，エントロピー増大の法則が分子論的に説明されるとボルツマンは考えたが，力学は可逆だから，逆の過程をたどればエントロピーが減少するという批判がなされた．ボルツマンは再び深く考え，エントロピーの増大は単なる力学法則でなく，確率的な法則であるという結論に達した．すなわちエントロピーが減少することもあり得るが，任意に選んだ巨視的状態の中にはエントロピーが増大する方向へ変化するような微視的状態が圧倒的に多い．そのため体系は時間とともに確率の大きい状態へ移行するとみてよいのである．このような考察からエルゴード仮説を導入し，さらにエントロピーを状態確率の関数として把握する考えに進んだ．これはプランクによってさらに明確にされ，ボルツマンの原理(6.127)が確立された．

ボルツマンは熱烈に原子論を主張したが，当時は眼に見えず，存在が証明されていない原子というものを仮定することに反対して，熱力学があれば十分であるとする人たちと激論をくりかえした．ボルツマンは議論にも講演にも大変熱心で多くの聴衆を集めたといわれている．激しい論争に疲れたためか，強度の神経衰弱におちいって遂に 61 歳で自殺した．彼の悲劇の間接的な原因は原子の存在を示す実験を思いつくことができなかったことにあるというのは本当かも知れない．原子論のために戦って死んだボルツマンの墓にはボルツマンの原理 $S=k\log W$ がきざまれている．

ボルツマンが死んだ 1906 年より 1 年前にアインシュタインはブラウン運動の理論を発表している．この理論は 1908 年以後ペラン(Jean Perrin)らによって実験的に験証され，分子の実在性が確実なものとなった．こうしてボルツマンが終生悩んだ分子の実在とその運動に対する強力な証拠が出現したのであるが，それゆえ彼の早きに過ぎた死は，よりいっそういたましく感じられる．

7

量子論的な体系

この章では量子力学にしたがう体系を扱う．ふつうの気体はよほど低温にならないかぎり，前章で考えた古典統計力学で扱えることが多い．しかし固体の比熱などは，すこし低い温度になると量子論的な効果が現われ，比熱は小さくなる．分子や原子が狭いところにとじこめられて運動しているときは一般に量子効果が著しいので，気体よりも固体の方が量子効果が現われやすいのである．量子論の場合，微視的状態にあたるものは固有状態とよばれるもので，数えあげることができる．そのため，位相空間で考える古典統計力学よりも考えやすい点もある．

7-1 量子論的な状態

ニュートン力学では，エネルギーは連続的に変えることができる量である．たとえば，調和振動子のエネルギーは振幅を大きくするにつれて連続的に大きくなる．しかし量子力学においては振動数νの調和振動子のエネルギーは$\frac{1}{2}h\nu$，$\frac{3}{2}h\nu$，$\frac{5}{2}h\nu$，…，一般にはnを整数としてとびとびの値(**エネルギー固有値**という)

$$E_n = \left(n+\frac{1}{2}\right)h\nu \qquad (n = 0, 1, 2, \cdots) \tag{7.1}$$

しかとることができない．このnのように量子論的な状態(**量子状態**)を区別する数を**量子数**という．またhは**プランク定数**

$$h = 6.626\times10^{-34}\ \mathrm{J\cdot s}$$

である．これを2πで割ったものは$\hbar$(エッチバーと読む)と書かれる．

$$\hbar = \frac{h}{2\pi} = 1.055\times10^{-34}\ \mathrm{J\cdot s} \tag{7.2}$$

を用いれば，角振動数を$\omega\,(=2\pi\nu)$として，振動子のとり得るエネルギー固有値は

$$E_n = \left(n+\frac{1}{2}\right)\hbar\omega \qquad (n = 0, 1, 2, \cdots) \tag{7.3}$$

と書ける．

調和振動子の座標をq，運動量をpとすると，エネルギーは

$$E(q, p) = \frac{1}{2m}p^2+\frac{m\omega^2}{2}q^2 \tag{7.4}$$

である．エネルギーがEであるときの運動は(q, p)平面(2次元の位相空間，相平面ともいう)で曲線(軌道)

$$E(q, p) = E \tag{7.5}$$

の上でおこなわれるが，これは

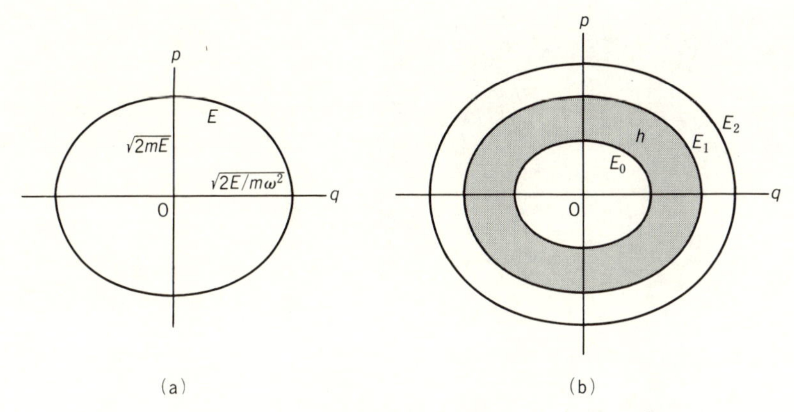

図 7-1　調和振動子．(a)位相空間，(b)固有状態 $E_n=\left(n+\dfrac{1}{2}\right)\hbar\omega$.

$$\frac{p^2}{2mE}+\frac{q^2}{2E/m\omega^2}=1 \tag{7.6}$$

と書けるから，q 軸の半径が $\sqrt{2E/m\omega^2}$ で p 軸の半径が $\sqrt{2mE}$ の楕円である(図 7-1(a))．したがってエネルギーが E_n の軌道の囲む面積は

$$A_n=\pi\sqrt{2E_n/m\omega^2}\cdot\sqrt{2mE_n}=2\pi\frac{E_n}{\omega}=\frac{E_n}{\nu}=\left(n+\frac{1}{2}\right)h \tag{7.7}$$

である．ゆえにエネルギーが E_{n+1} である軌道と E_n である軌道の間にはさまれる面積は

$$A_{n+1}-A_n=h \tag{7.8}$$

である．そこで相平面を面積が h ずつ異なる楕円群で区切れば(図 7-1(b))，その間にはさまれる部分に振動子のとり得るエネルギー E_n が 1 つずつあるようにすることができる．

自由粒子　第 2 の例として，直線上で運動する 1 個の粒子を考えよう．運動し得る範囲を $q=0$ と $q=L$ の間とすれば，質点のとり得るエネルギー(固有値)は，量子力学によれば，とびとびの値

$$\boxed{E_n=\frac{h^2}{8mL^2}n^2 \qquad (n=0,1,2,\cdots)} \tag{7.9}$$

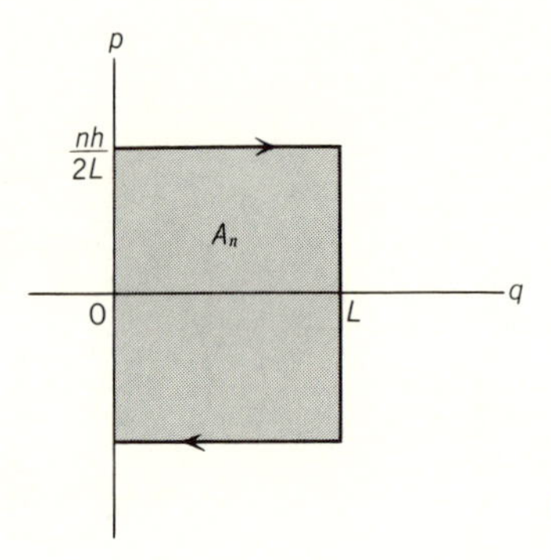

図 7-2　自由粒子の位相空間.

しかとることができない.

この粒子の運動を相平面で考え，運動量を p とすると $E_n=p^2/2m$，したがって $p=\pm nh/2L$ であり，図 7-2 のように，軌道が囲む面積は

$$A_n = 2\cdot\frac{nh}{2L}\cdot L = nh \tag{7.10}$$

である．ゆえにエネルギーが E_{n+1} の軌道と E_n の軌道の間にはさまれる面積は

$$A_{n+1}-A_n = h \tag{7.11}$$

である．したがって相平面の面積が h だけ増すごとに 1 つのエネルギー固有値があることがわかる.

古典力学成立の条件　プランク定数 h を非常に小さい量と考えてよいような場合には，エネルギー固有値は連続値をとるとみなしてよく，この場合にはニュートン力学が成り立つ．そしてこの場合には相平面の面積 $d\tau=dqdp$ の中に

$$\frac{d\tau}{h} = \frac{dqdp}{h} \tag{7.12}$$

だけの個数の量子力学的状態があるとみなしてよい．このことは調和振動子と自由質点だけに限らず，定常的な運動についていえることである．座標の数(自由度の数)が多数である場合にも，ニュートン力学が成り立つ場合には，位相空間の素体積 $d\tau$ の中には，個数にして

$$\frac{d\tau}{h^f} = \frac{dq_1 dq_2 \cdots dq_f dp_1 dp_2 \cdots dp_f}{h^f} \tag{7.13}$$

だけの量子論的状態(固有状態)がある．これが微視的状態の数である．

ニュートン力学がよい近似で成り立つか，それともエネルギーが不連続であるための効果(量子効果)が無視できないかを調べるには，分子や原子の運動を表わす軌道の，位相空間における広さと，素量 h の大きさを比べるのが 1 つの方法である．固体の原子の熱運動を例にして，これを調べてみよう．

固体の原子は熱運動により微小な振動をしている．その振幅を a，運動量の最大値を p_{m} とすると，エネルギーは $\bar{E}=p_{\mathrm{m}}{}^2/2m=m\omega^2a^2/2\cong kT$．したがって

$$p_{\mathrm{m}} \cong \sqrt{2mkT}, \qquad a \cong \frac{\sqrt{2kT/m}}{\omega} = \frac{\sqrt{2kT/m}}{2\pi\nu} \tag{7.14}$$

ゆえに位相空間の体積

$$A = \pi a p_{\mathrm{m}} \cong \frac{kT}{\nu} \tag{7.15}$$

の中に多数の素量 h が含まれている温度では古典統計力学が成り立ち，A が h と同程度の温度では量子効果が著しいと考えられる．したがって $k\Theta=h\nu$ となる温度 Θ がこの境である．たとえばアルミニウムの原子の振動数は

$$\nu \cong 10^{13}/\mathrm{s} \tag{7.16}$$

程度であることが知られている．したがってアルミニウムでは

$$\Theta = \frac{h\nu}{k} \cong \frac{6.6\times10^{-34}\times10^{13}}{1.4\times10^{-23}} \cong 400 \quad (\mathrm{K}) \tag{7.17}$$

を境にして，これよりも十分高い温度では固体の比熱は古典統計力学の値 $3R$ であるが，これよりも低い温度では量子効果が効くものと期待される(7-3 節参照)．

問　題

1. 調和振動子では，相平面で軌道が囲む面積を A とすると，量子論的なエネルギー固有値(7.1)は

$$A = \oint p\,dq = \left(n+\frac{1}{2}\right)h$$

で与えられることを示せ.

2.　自由粒子が $q=0$ と l の間を往復するときに，その軌道が相平面で囲む面積を A とすると，エネルギー固有値(7.1)は

$$A = \oint pdq = nh$$

で与えられることを示せ.

7-2　量子論的な体系

前節では，調和振動子と有限な範囲で運動する自由粒子がとり得るエネルギーは，とびとびの固有値であることを述べた．たとえば調和振動子の固有値は $E_n=(n+1/2)h\nu$ であり，運動状態は量子数 n によって区別される定常的な振動である．定常的な運動を量子論では**固有状態**という．体系の微視的状態は，ニュートン力学では位相空間内の軌道で表わされたが，量子力学でこれに対応するのは固有状態である.

1 次元の調和振動子や 1 次元の自由粒子では固有状態は 1 つの量子数 n で区別され，相異なる固有状態のエネルギー固有値は異なっている．いいかえれば 1 つのエネルギー固有値には 1 つの固有状態しかない．この場合，エネルギー固有値は**縮退**していないという．たとえば 2 次元の調和振動子で，2 方向の振動数が等しければそのエネルギー固有値は(7.1)を 2 方向について加えた

$$E_{n_1,n_2} = (n_1+n_2+1)h\nu \qquad (n_1, n_2 = 0, 1, 2, \cdots) \tag{7.18}$$

で与えられる．量子数 n_1 と n_2 は 2 方向の運動状態を表わし，$n_1 \neq n_2$ のとき，n_1 と n_2 の数をとりかえれば，運動状態は異なるが，エネルギー固有値としては等しい．この場合のように，2 つ以上の固有状態のエネルギー固有値が等しいとき，この固有値は縮退しているといい，同じ固有値をもつ固有状態の数を**縮退度**(degeneracy)という.

一般に量子論的な固有状態は (n_1, n_2) というようないくつかの量子数の組によって指定される．n 個の分子(質点)からなる 3 次元の体系の量子論的な固有状態は $3n$ 個の量子数の組 $(n_1, n_2, \cdots, n_{3n})$ で指定される．このように固有状態

を指定する量子数の組を簡単に j で表わせば，固有値は E_j，その縮退度は g_j と書ける．縮退度 g_j は体系のエネルギーが E_j である微視的状態の数である．したがって(6.18)により温度 T の体系がエネルギー E_j をとる確率は

$$f(E_j) = g_j e^{-\alpha-\beta E_j} \qquad \left(\beta = \frac{1}{kT}\right) \tag{7.19}$$

で与えられる．g_j 個の固有状態のそれぞれは同じ確率で実現される(**等確率の原理**)から，固有状態 j の 1 つが実現される確率は(6.21)と同様に正準分布

$$\boxed{f_j = e^{-\alpha-\beta E_j} = \frac{e^{-\beta E_j}}{\sum_i e^{-\beta E_i}}} \tag{7.20}$$

で与えられる．ここで分母では，各固有状態を区別している．確率はボルツマン因子 $e^{-\beta E_j}$ に比例する(6-2 節参照)．

調和振動子　1 次元の調和振動子の固有値は $E_n = \left(n+\dfrac{1}{2}\right)h\nu$ であるから，温度 T のときにこの状態が実現される確率は

$$f_n = \frac{e^{-\beta(n+1/2)h\nu}}{\sum_{m=0}^{\infty} e^{-\beta(m+1/2)h\nu}} = \frac{e^{-\beta nh\nu}}{\sum_{m=0}^{\infty} e^{-\beta mh\nu}} \tag{7.21}$$

ここで無限級数の公式

$$\sum_{m=0}^{\infty} e^{-\alpha m} = \frac{1}{1-e^{-\alpha}} \tag{7.22}$$

を用いれば

$$f_n = (1-e^{-\beta h\nu})e^{-\beta nh\nu} \tag{7.23}$$

となる．振動子のエネルギーは

$$\bar{E} = \sum_n E_n f_n = \frac{\sum_{n=0}^{\infty}\left(n+\dfrac{1}{2}\right)h\nu e^{-\beta nh\nu}}{\sum_{m=0}^{\infty} e^{-\beta mh\nu}}$$

$$= \frac{1}{2}h\nu + \frac{\sum_{n=0}^{\infty} n e^{-\beta nh\nu}}{\sum_{m=0}^{\infty} e^{-\beta mh\nu}} h\nu \tag{7.24}$$

ここで(7.22)を α で微分した式

$$\sum_{m=0}^{\infty} me^{-\alpha m} = \frac{e^{-\alpha}}{(1-e^{-\alpha})^2} = \frac{1}{(e^{\alpha}-1)(1-e^{-\alpha})} \tag{7.25}$$

を用いれば

$$\bar{E} = \frac{1}{2}h\nu + \frac{h\nu}{e^{\beta h\nu}-1} \qquad \left(\beta = \frac{1}{kT}\right) \tag{7.26}$$

を得る．$T \to 0$ とすると

$$E \to E_0 = \frac{1}{2}h\nu \tag{7.27}$$

となるので，(7.26)の第1項は $T=0$ で残るエネルギーであり，**零点エネルギー**とよばれている．

調和振動子の比熱を $C_{振動}$ と書くと

$$C_{振動} = \frac{d\bar{E}}{dT} = \frac{d}{dT}\frac{h\nu}{e^{h\nu/kT}-1} \tag{7.28}$$

あるいは

$$C_{振動} = \frac{k\left(\dfrac{h\nu}{kT}\right)^2 e^{h\nu/kT}}{(e^{h\nu/kT}-1)^2} \tag{7.29}$$

となる．

高温 $(h\nu/kT \to 0)$ では

$$e^{h\nu/kT}-1 \cong \frac{h\nu}{kT} \tag{7.30}$$

としてよいから

$$C_{振動} \to k \qquad (h\nu/kT \ll 1) \tag{7.31}$$

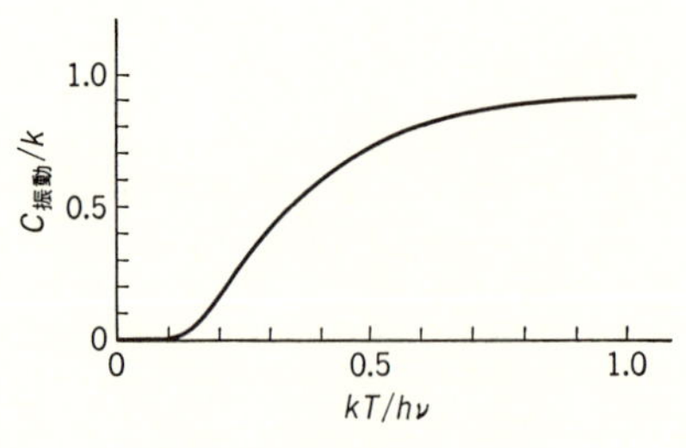

図 7-3　調和振動子の比熱．

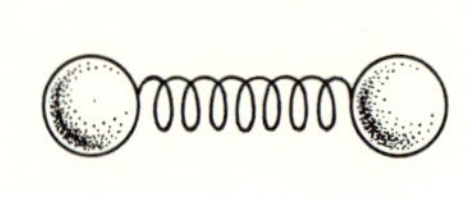

図 7-4　2原子分子のモデル．

である．また低温 $(h\nu/kT\gg 1)$ では

$$C_{\text{振動}} \to k\left(\frac{h\nu}{kT}\right)^2 e^{-h\nu/kT} \tag{7.32}$$

となり，$T\to 0$ で急激に $C_{\text{振動}}\to 0$ となることがわかる(図 7-3)．

2 原子分子の分子内振動(図 7-4)による比熱は(7.29)によって表わされる．

7-3 固体の比熱

固体(結晶)の原子はたがいに束縛し合って並んでいるが，温度が高いほど激しく振動している．温度が十分高いと固体の比熱はデューロン-プティの法則 $C_V=3R$ (6.58)にしたがうから，高温では古典統計力学が正しい結果を与えることがわかる．しかし固体の比熱は一般に低温で小さくなり，絶対零度で 0 になる．これは低温ではエネルギーが小さくなるため，原子の振動のエネルギーが不連続であるという量子効果が著しくなるからである．

アインシュタイン(Albert Einstein)は固体原子の振動数がすべて等しいと仮定して，固体の比熱が低温で小さくなることを説明した(1906 年)．原子は x, y, z の 3 方向に振動できるから，同種の原子 N_{A} 個からなる固体は $3N_{\mathrm{A}}$ 個の振動子と考えられる．したがってその比熱は(7.29)を $3N_{\mathrm{A}}$ 倍したもので $(N_{\mathrm{A}}k=R)$

$$C_V = 3R\frac{\left(\dfrac{h\nu}{kT}\right)^2 e^{h\nu/kT}}{(e^{h\nu/kT}-1)^2} \tag{7.33}$$

となる．これを**アインシュタインの比熱式**という．この比熱式は高温で $C_V\to 3R$ (古典値)となり，低温では図 7-3 と同様に急激に小さくなって $T=0$ で $C_V=0$ となる．しかし低温における比熱の低下は実測値と比べて急激すぎる．これは結晶を構成する原子の集まりがいろいろの振動数(固有振動)で振動するためである．もしも振動数が ν と $\nu+d\nu$ の間の固有振動が $F(\nu)d\nu$ だけあるとすると，比熱式(7.29)をそれぞれの固有振動にあてはめて

$$C_V = \int F(\nu)k\frac{(h\nu/kT)^2 e^{h\nu/kT}}{(e^{h\nu/kT}-1)^2}d\nu \tag{7.34}$$

となるわけである.

デバイの比熱式　実際の結晶は3次元的なので，これを構成する原子の運動方程式は原子の並び方(結晶形)によっても異なり，固有振動数も結晶形によって異なる．固有振動数を計算するのは大変困難であるが，計算機を使うなどして数値的に調べることはできる.

しかし，アルミニウム，銀など多くの純粋物質の比熱はだいたいの温度依存性がよく似ていて，ことに極めて低い温度では，比熱はT^3に比例している(これを**T^3法則**という)．振動数νの振動子のエネルギー固有値の間隔は$h\nu$であって，振動数の小さいものほど間隔が小さいので，低温で励起されやすいのは，振動数の小さい固有振動である．したがって低温の比熱を正しく求めそれによって比熱の温度依存性の特徴をとらえるには，低い振動数の固有振動数を正しく求めればよい.

低い振動数の振動は固体内を波長の長い音波のように伝わり，これに対して固体は連続的な弾性とみなしてよい．そこで固体中の音速をcとすると，固体内の波動は波動方程式

$$\frac{\partial^2 u}{\partial t^2} = c^2\left(\frac{\partial^2 u}{\partial x^2}+\frac{\partial^2 u}{\partial y^2}+\frac{\partial^2 u}{\partial z^2}\right) \tag{7.35}$$

で与えられる．ここでuは波動による固体内の変位である．固体が1辺Lの立方体であるとすると，固体の固有振動は定在波の形

$$\begin{aligned} u &= a\sin\omega t\sin\frac{n_1\pi}{L}x\sin\frac{n_2\pi}{L}y\sin\frac{n_3\pi}{L}z \\ n_1, n_2, n_3 &= \text{正の整数} \end{aligned} \tag{7.36}$$

で与えられる．ただし固体表面($x=0, L$など)で$u=0$とした．(7.36)を(7.35)に代入すれば固有振動数νは

$$\omega = 2\pi\nu = c\frac{\pi}{L}\sqrt{{n_1}^2+{n_2}^2+{n_3}^2} \tag{7.37}$$

で与えられることがわかる.

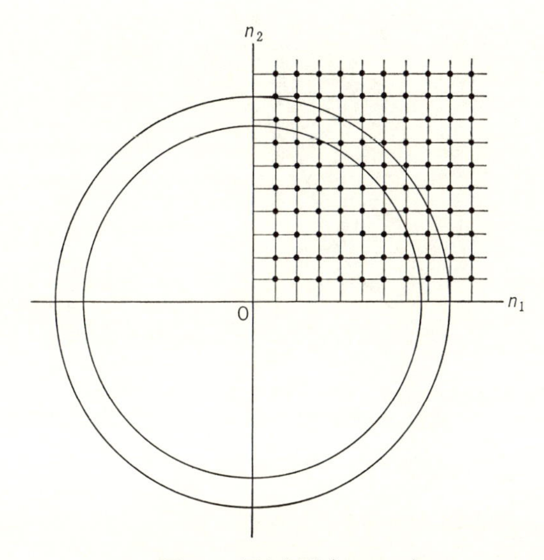

図 7-5　固有振動 (n_1, n_2, n_3).

固体の大きさ L が十分大きいとすると，$n_1/L, n_2/L, n_3/L$ は連続変数とみなしてよい．n_1, n_2, n_3 は整数であるから，図 7-5 のように n_1, n_2, n_3 を 3 本の座標軸にとれば，その単位体積内には 1 個の固有振動が含まれている．

$$n = \sqrt{{n_1}^2+{n_2}^2+{n_3}^2} \tag{7.38}$$

とすると

$$\nu = \frac{c}{2L}n \tag{7.39}$$

である．n を連続変数とみなすと，n と $n+dn$ の間の固有振動の数は

$$\frac{1}{8}4\pi n^2 dn = \frac{\pi}{2}\left(\frac{2L}{c}\right)^3 \nu^2 d\nu = \frac{4\pi}{c^3}V\nu^2 d\nu \tag{7.40}$$

で与えられる．ここで n_1, n_2, n_3 がすべて正であるため，因子 1/8 がつくことを考慮した．また

$$V = L^3 \tag{7.41}$$

は固体の体積である．固体には縦波(音速 c_l)と横波(音速 c_t)が伝わり，横波には進行方向に直角な 2 つの振動方向(偏り)がある．したがって，振動数が ν と

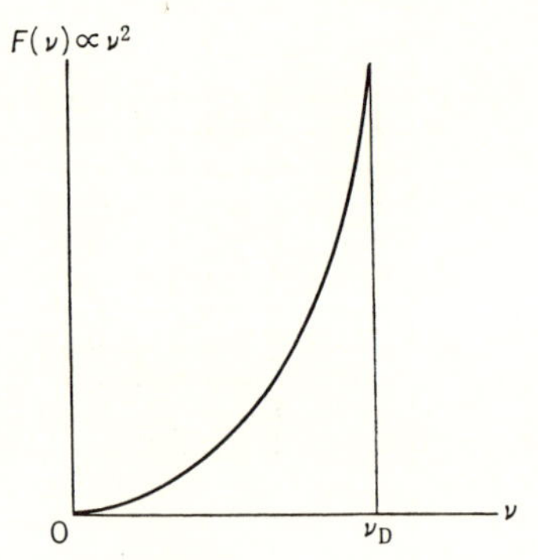

図 7-6　固体の振動スペクトルのデバイ近似.

$\nu+d\nu$ の間の固有振動数の数は

$$F(\nu)d\nu = 4\pi V\left(\frac{1}{{c_l}^3}+\frac{2}{{c_t}^3}\right)\nu^2 d\nu \tag{7.42}$$

で与えられる(これを**固有振動スペクトル**という).

各原子は x, y, z の 3 方向に振動し得るから，N_A 個の原子からなる結晶の固有振動の数は $3N_A$ である．デバイ (Peter J. W. Debye) は(7.42)を ν の大きいところまで用い

$$\int_0^{\nu_D} F(\nu)d\nu = 3N_A \tag{7.43}$$

で与えられる最大振動数 ν_D でスペクトルを切断した(図 7-6)．こうすると，

$$\frac{4\pi V}{3}\left(\frac{1}{{c_l}^3}+\frac{2}{{c_t}^3}\right){\nu_D}^3 = 3N_A \tag{7.44}$$

となるから，振動のスペクトルは

$$F(\nu)d\nu = \frac{9N_A}{{\nu_D}^3}\nu^2 d\nu \tag{7.45}$$

と書かれる．これを用いると，固体の比熱は(7.34)により

$$C_V = \frac{9N_A k}{{\nu_D}^3}\int_0^{\nu_D} \frac{\nu^2(h\nu/kT)^2 e^{h\nu/kT}}{(e^{h\nu/kT}-1)^2}d\nu \tag{7.46}$$

で与えられることになる．$R=N_A k$ として書き直すと

$$C_V = 9R\left(\frac{T}{\Theta_D}\right)^3\int_0^{\Theta_D/T} \frac{\xi^4 e^\xi}{(e^\xi-1)^2}d\xi \tag{7.47}$$

となる．ここで

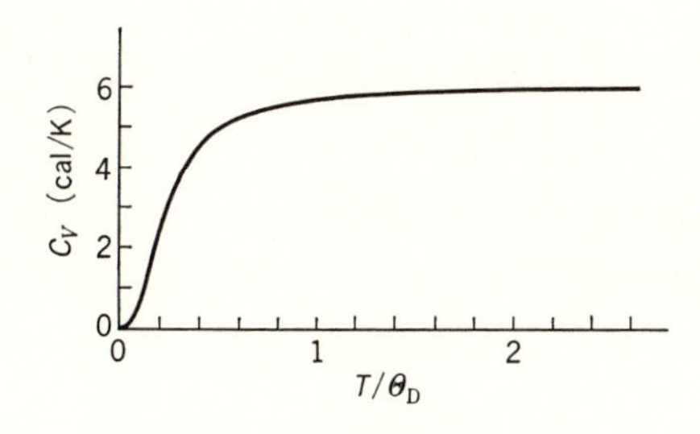

図 7-7　固体の比熱.

$$\Theta_D = \frac{h\nu_D}{k} \tag{7.48}$$

はデバイ温度とよばれる．固体の比熱は T/Θ_D の関数であり，図示すると図 7-7 のようになる．(7.47)を**デバイの比熱式**という．物質ごとに Θ_D を適当に選べばデバイの比熱式は比熱の実測値とよく一致する．例えばアルミニウムのデバイ温度は $\Theta_D=402$ K である(p. 167 参照)．

問　題

1. $T \gg \Theta_D$ とするとデバイの比熱式(7.47)は $C_V=3R$ を与えることを示せ．
2. $T \ll \Theta_D$ とするとデバイの比熱式(7.47)は

$$C_V = \frac{12}{5}\pi^4 R\left(\frac{T}{\Theta_D}\right)^3$$

を与えることを示せ．ただし

$$\int_0^\infty \frac{\xi^4 e^\xi}{(e^\xi-1)^2}d\xi = \frac{4\pi^4}{15}$$

である．

7-4　圧力とエントロピー

量子力学的体系の固有状態 j は体系の大きさに関係する．たとえば x, y, z 方向の大きさがそれぞれ L_1, L_2, L_3 の立方体の中の自由粒子のエネルギー固有値は 3 個の量子数 n_1, n_2, n_3 で定まり

$$E_{n_1,n_2,n_3} = \frac{h^2}{8m}\left\{\left(\frac{n_1}{L_1}\right)^2 + \left(\frac{n_2}{L_2}\right)^2 + \left(\frac{n_3}{L_3}\right)^2\right\}$$
$$n_1, n_2, n_3 = 1, 2, 3, \cdots \tag{7.49}$$

で与えられる((7.9)参照).

いまピストンが $x=L$ にあったとし，これが dL_1 だけ動いたとすると，エネルギー固有値は

$$dE_{n_1,n_2,n_3} = \frac{-h^2}{4m}\left(\frac{n_1}{L_1}\right)^2 \frac{dL_1}{L_1} \tag{7.50}$$

だけ変化する．このときピストンに加わる圧力を $P(n_1, n_2, n_3)$ と書くと

$$-P(n_1, n_2, n_3)dV = dE_{n_1,n_2,n_3}$$
$$dV = AdL_1 \tag{7.51}$$

したがって

$$P(n_1, n_2, n_3) = \frac{h^2}{4m}\left(\frac{n_1}{L_1}\right)^2 \frac{1}{V} \tag{7.52}$$

自由粒子が状態 j にある確率はボルツマン因子 $\exp(-\beta E_{n_1,n_2,n_3})$ に比例するから，ピストンに加わる圧力の平均は

$$P = \overline{P(n_1, n_2, n_3)} = \frac{1}{V}\overline{\frac{h^2}{4m}\left(\frac{n_1}{L_1}\right)^2}$$
$$= \frac{1}{V}\frac{\displaystyle\sum_{n_1=1}^{\infty}\frac{h^2}{4m}\left(\frac{n_1}{L_1}\right)^2 \exp(-\beta E_{n_1,n_2,n_3})}{\displaystyle\sum_{n_1=1}^{\infty}\exp(-\beta E_{n_1,n_2,n_3})} \tag{7.53}$$

で与えられる.

$$\alpha = \beta\frac{h^2}{8m}, \qquad x = \frac{n_1}{L_1} \tag{7.54}$$

とおくと，L_1 が十分大きいときは x を連続としてよいので

$$P = \frac{1}{V\beta}\frac{\displaystyle\int_0^\infty 2\alpha x^2 e^{-\alpha x^2}dx}{\displaystyle\int_0^\infty e^{-\alpha x^2}dx} = \frac{1}{V\beta} \tag{7.55}$$

したがって圧力は

$$P = \frac{kT}{V} \tag{7.56}$$

となる．もしも N 個の独立な自由粒子が容器内にあれば，圧力は

$$P = \frac{NkT}{V} \tag{7.57}$$

となり，これはボイル-シャルルの法則である．

簡単のため $L_1=L_2=L_3=\sqrt[3]{V}$ とすれば，自由粒子のエネルギー固有値

$$E_{n_1, n_2, n_3} = \frac{h^2}{8mV^{2/3}}({n_1}^2+{n_2}^2+{n_3}^2) \tag{7.58}$$

は体積 V の関数となる．

このようにエネルギー固有値 E_j が体積 V の関数であるとすると，圧力は

$$P = -\overline{\frac{\partial E_j}{\partial V}} \tag{7.59}$$

あるいは

$$\boxed{P = \frac{\displaystyle\sum_j \left(-\frac{\partial E_j}{\partial V}\right) e^{-\beta E_j}}{\displaystyle\sum_j e^{-\beta E_j}}} \tag{7.60}$$

と書ける．この場合，分配関数は(6.64)の積分を和になおした

$$Z(T, V) = \sum_j e^{-\beta E_j} \tag{7.61}$$

であり，これは**状態和**(sum over states)ともよばれる．これを用いれば

$$P = kT\frac{\partial}{\partial V}\log Z(T, V) \tag{7.62}$$

また内部エネルギー U は E_j の平均であるから

$$U = \frac{\displaystyle\sum_j E_j e^{-\beta E_j}}{\displaystyle\sum_j e^{-\beta E_j}} \tag{7.63}$$

あるいは

$$U = kT^2\frac{\partial}{\partial T}\log Z(T, V) \tag{7.64}$$

と書ける．これらは古典統計における式(6.104)，(6.106)と形式的に全く同じである．したがって古典統計と同様に

$$dS = \frac{dQ}{T} = \frac{dU+PdV}{T} \tag{7.65}$$

から，エントロピーSは

$$S = \frac{U}{T}+k\log Z(T, V) \tag{7.66}$$

自由エネルギーFは

$$F = U-TS = -kT\log Z(T, V) \tag{7.67}$$

で与えられる．

問　題

1.　(7.66)と(7.20)から

$$S = -k\sum f_j \log f_j$$

を示せ．

量子論的理想気体

量子論は統計力学にいくつかの変化を与えたが，統計力学の基礎は変わらなかった．この章では前の章を継承しながら量子論の考え方をさらにとり入れていく．古典力学では同種の粒子といえども，精密な測定をすれば，それらの行動を別々に区別して追うことができると考えられている．しかし量子力学では同種粒子を区別することは本質的に不可能であるとされている．この章では粒子の同等性を正しく考慮した統計，すなわち量子統計とよばれる統計を扱うことにする．

8-1　熱放射

よく知られたように，高温の物体からは**熱放射**(**熱輻射**，thermal radiation)が出る．これは電磁波であって，温度が比較的低い赤熱の状態では長い波長の熱線(赤外線)が多く含まれ，高温の白熱の状態では可視光線が多く含まれる．

熱放射の様子は温度だけでなく，物体の種類や表面の性質によって異なる．しかしあらゆる電磁波を完全に吸収する物体を想像すると，それから出る熱放射の様子は温度だけできまることが示される．このような理想的な物体を**完全黒体**，あるいは単に**黒体**(black body)とよぶ．高温の固体は黒体に近い．また，空洞に小さな孔をあけたとき，この孔は入った光をほとんど完全に吸収するので，黒体とみなすことができる．炉にあけた小さな窓から出てくる熱放射は，黒体からの放射とみなしてよいのである．したがって黒体による熱放射の理論を用いて炉の温度を測ることができる．

空洞を一定の温度に保つと，その壁からの熱放射により，空洞の中は電磁波で満たされる．空洞の壁，あるいは空洞に入れた小さな炭などにより，電磁波の吸収と放出がおこなわれ，空洞の中の電磁場は熱平衡の状態になる．この空洞に極めて小さい孔をあけたとき，ここから出てくるのが黒体の熱放射であるから，熱放射は空洞内の電磁波の熱平衡状態として理論的に扱える．

7-3 節において，固体内の弾性振動の固有振動を調べ，振動数が ν と $\nu+d\nu$ の間にある固有振動の数は

$$\frac{4\pi}{c^3}V\nu^2 d\nu \tag{8.1}$$

であることを示した．ここで V は固体の体積，c は弾性波の速さであった．空洞内の電磁波の固有振動についても同様なことがいえる．電磁波は横波で，進行方向に直角な 2 つの方向の振動(偏光)があるから，上式を 2 倍しなければならない．したがって電磁波の速さ(光速度)を c とすると，空洞内の電磁波の振動数が ν と $\nu+d\nu$ の間にある固有振動の数は単位体積あたり

$$g(\nu)d\nu = \frac{8\pi}{c^3}\nu^2 d\nu \tag{8.2}$$

で与えられる．各固有振動は$(n+1/2)h\nu$ $(n=0, 1, 2, \cdots)$のエネルギーをとる．しかし零点エネルギー$h\nu/2$は空洞放射として観測にかからないので，これを除いてよい．温度がTのとき振動子が$nh\nu$のエネルギーをもつ確率はボルツマン因子$\exp(-nh\nu/kT)$に比例するから，各固有振動のエネルギーは

$$\bar{n}h\nu = \frac{\sum_{n=0}^{\infty} nh\nu e^{-nh\nu/kT}}{\sum_{n=0}^{\infty} e^{-nh\nu/kT}} = \frac{h\nu}{e^{h\nu/kT}-1} \tag{8.3}$$

である．したがって空洞内のνと$\nu+d\nu$の間の熱放射は単位体積あたり

$$E_\nu d\nu = g(\nu)\bar{n}h\nu d\nu = \frac{8\pi}{c^3}\frac{h\nu^3 d\nu}{e^{h\nu/kT}-1} \tag{8.4}$$

となる．波長をλとすると$\nu\lambda=c$，したがって$d\nu=d\lambda/c\lambda^2$(絶対値をとる)なので，波長がλと$\lambda+d\lambda$の間の放射を$E_\lambda d\lambda=E_\nu d\nu$とすると，熱放射のエネルギー・スペクトル$E_\lambda$として

$$E_\lambda d\lambda = \frac{8\pi hc}{\lambda^5}\frac{d\lambda}{e^{hc/\lambda kT}-1} \tag{8.5}$$

を得る．これを**プランクの熱放射式**という(図 8-1)．

空洞内の熱放射の全エネルギーは，単位体積あたり$(x=h\nu/kT)$

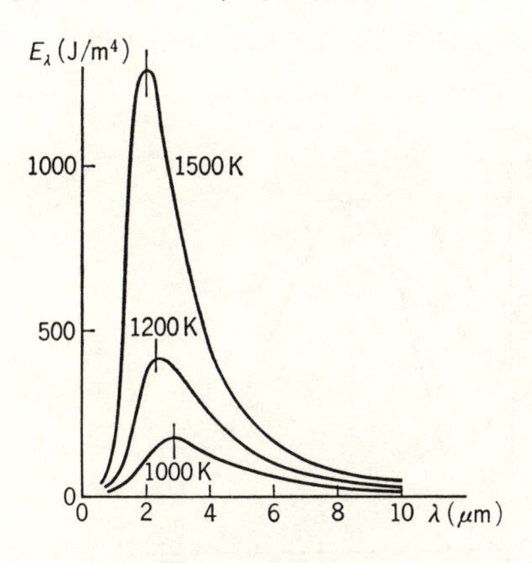

図 8-1　熱放射．

$$E=\int_0^\infty E_\nu d\nu=\frac{8\pi}{c^3h^3}k^4T^4\int_0^\infty\frac{x^3dx}{e^x-1} \tag{8.6}$$

と書ける．この定積分は $\pi^4/15$ を与える．したがって全放射エネルギーは

$$E=\frac{8\pi^5k^4}{15c^3h^3}T^4 \tag{8.7}$$

となる．これは温度 T における熱放射のエネルギーの総量が T^4 に比例することを示し，**シュテファン-ボルツマンの法則**(Stefan-Boltzmann's law)として有名である．

$$c=\frac{dE}{dT}\propto T^3 \tag{8.8}$$

は空洞の比熱である．これは固体の低温における比熱が T^3 に比例する(7-3節)のと似たことである．

例題 1　熱放射の強度 E_λ が最大になる波長を $\lambda_{\rm m}$ とすると

$$\lambda_{\rm m}T=一定 \tag{8.9}$$

であることを示せ．(8.9)を**ウィーンの変位則**(Wien's displacement law)という．放射の著しい波長 $\lambda_{\rm m}$ は低温では長波長，高温では短波長なのである．

［解］　$x=hc/\lambda kT$ とおくと

$$E_\lambda=\frac{8\pi}{(hc)^4}(kT)^5\frac{x^5}{e^x-1}$$

となるので，これが最大になるところは(図 8-2 参照)

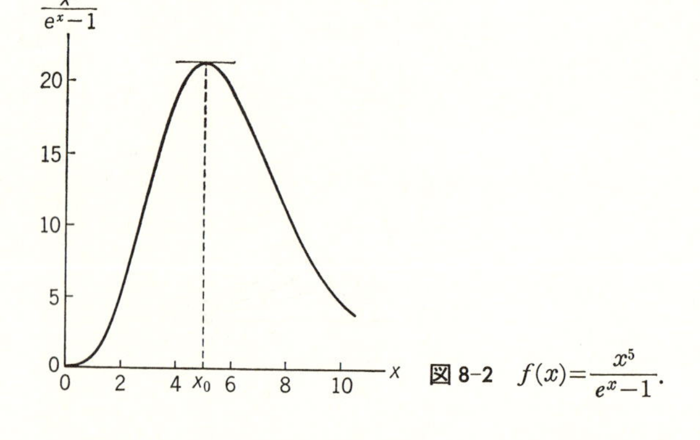

図 8-2　$f(x)=\dfrac{x^5}{e^x-1}$.

$$\frac{d}{dx}\frac{x^5}{e^x-1} = 0$$

の根であり，これは $x_0=4.9651$ である．ゆえに

$$\lambda_{\rm m}T = hc/kx_0 = 2.90\times10^{-3}\,{\rm m\cdot K} \qquad \blacksquare \qquad (8.10)$$

フォトン　空洞内の熱放射において，固有振動数 $\nu_1, \nu_2, \cdots$ の電磁波がそれぞれ $n_1h\nu_1, n_2h\nu_2, \cdots$ のエネルギーをもつ振幅に励起された場合(図 8-3(a))，これをエネルギー $h\nu_1, h\nu_2, \cdots$ の粒子がそれぞれ n_1 個，n_2 個，…，光速度で走りまわっている状態(図 8-3(b))とみることができる．このように振動数 ν の電磁波をエネルギー $h\nu$ の粒子の集まりとみなすとき，この粒子を**フォトン**(photon, **光子**)という．フォトンの励起状態は準位 $h\nu_1, h\nu_2, \cdots$ にそれぞれ n_1 個，n_2 個，… の粒子をおく配置によって表わすことができる．

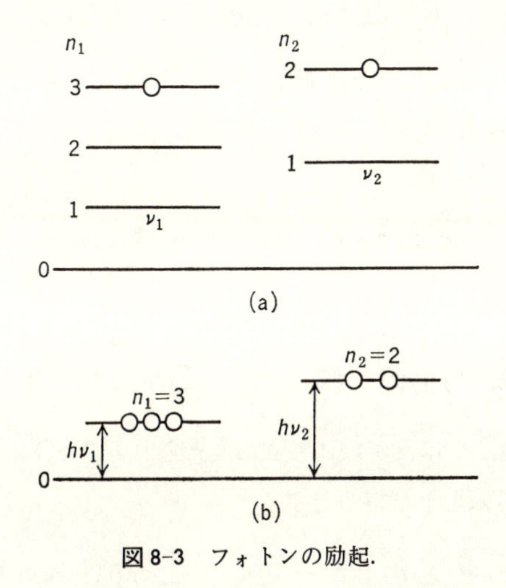

図 8-3　フォトンの励起．

フォノン　固体内の弾性波動も量子論では粒子の集まりとみなされ，この粒子を**フォノン**(phonon, 音響量子)という．すなわち振動数 ν の弾性波動のエネルギーが $(n+1/2)h\nu$ であるとき，これは $h\nu/2$ の零点振動と n 個のフォノン $h\nu$ の集まりとみなされる．

8-2　同種粒子からなる体系

量子論的な体系として，まず前節で扱ったフォトンの集まりを粒子の集合として扱ってみよう．前の節で述べたように，空洞内の電磁波の固有振動を ν_1, $\nu_2, \cdots$ とすると，電磁場はエネルギーが $\varepsilon_1=h\nu_1$, $\varepsilon_2=h\nu_2$, $\cdots$ であるフォトン n_1 個，n_2 個，$\cdots$ の集まり(フォトン気体)とみなされる．

これを一般化して，フォトンのような粒子の集まりを考え，各粒子のエネルギーは離散的な固有値(**準位**という) $\varepsilon_j\,(j=1,2,\cdots)$ のいずれかをとるものとする．準位 ε_j にある粒子の数を n_j とすると，これによってこの体系の状態(微視的状態)が指定される．この状態における体系のエネルギーは

$$E=\sum_j \varepsilon_j n_j \qquad (n_j=0,1,2,\cdots) \tag{8.11}$$

であり，その確率 $w(n_1,n_2,\cdots)$ は正準分布(7.20)で与えられる．すなわち

$$w(n_1,n_2,\cdots)=A\exp(-\beta E) \qquad (\beta=1/kT) \tag{8.12}$$

あるいは

$$w(n_1,n_2,\cdots)=A\exp\left(-\beta\sum_j \varepsilon_j n_j\right) \tag{8.13}$$

で与えられる．準位 ε_j にある粒子の数 n_j の平均は

$$\overline{n_j}=\sum_{n_1,n_2,\cdots} n_j\exp\left(-\beta\sum_k \varepsilon_k n_k\right)\Big/\sum_{n_1,n_2,\cdots}\exp\left(-\beta\sum_k \varepsilon_k n_k\right) \tag{8.14}$$

ここで粒子数 $n_1,n_2,\cdots$ はたがいに独立に変えられ，フォトンのようにそれぞれ0から ∞ までの値をとり得るとすると

$$\overline{n_j}=\sum_{n_j=0}^{\infty} n_j\exp(-\beta\varepsilon_j n_j)\Big/\sum_{n_j=0}^{\infty}\exp(-\beta\varepsilon_j n_j) \tag{8.15}$$

となる．これを計算すれば(7.22), (7.25)により

$$\overline{n_j}=\frac{1}{e^{\beta\varepsilon_j}-1} \tag{8.16}$$

を得る．これは $\varepsilon_j=h\nu_j$ とすれば温度 T におけるフォトンのエネルギー分布を与える式であり，(8.3)と同じ式でもある．フォトン気体は古典的な気体のマ

クスウェル分布と全く異なるエネルギー分布をもつことが示された．古典的な気体では分子の総数は与えられたものであるが，フォトン気体においてはフォトンの総数 $\sum n_j$ は一定ではなく，絶対零度では 0 であり，温度を上げれば増大する．

粒子をやりとりする体系の集まり

フォトンの場合は各準位にはいくつでもフォトンを分配でき，しかもフォトンの総数に対する制限はないが，ふつうの気体では分子の総数 n は一定に保たれる．したがってたとえば，準位 j にある分子の数は(8.14)でなく，

$$\overline{n_j} = \sum_{\sum_l n_l = n} n_j \exp\left(-\beta \sum_k \varepsilon_k n_k\right) \Big/ \sum_{\sum_l n_l = n} \exp\left(-\beta \sum_k \varepsilon_k n_k\right) \qquad (8.17)$$

で与えられる．すなわち $n_k\,(k=0, 1, 2, \cdots)$ の総数が n であるという条件 $\sum_l n_l = n$ の下で上式の和をとらなければならないのである．この条件の下でこれらの和を直接求めることはできないから，別の方法を考えよう．

正準分布(8.13)を導いた第 7 章の方法では，エネルギーをやりとりする同種の体系を多数考えて，これらの体系に共通する温度の下でのエネルギーの分布を算出した．この取扱い方法を拡張し，同体積の体系を多数集めた集合を考え，体系はたがいにエネルギーだけでなく，容器のすき間を通して粒子もやりとりするものとする(図 8-4)．体系の粒子数 n は変化し得るが，粒子数 n をきめても，体系はなおいろいろの微視的状態をとり得る．そこで粒子数 n の体系の微

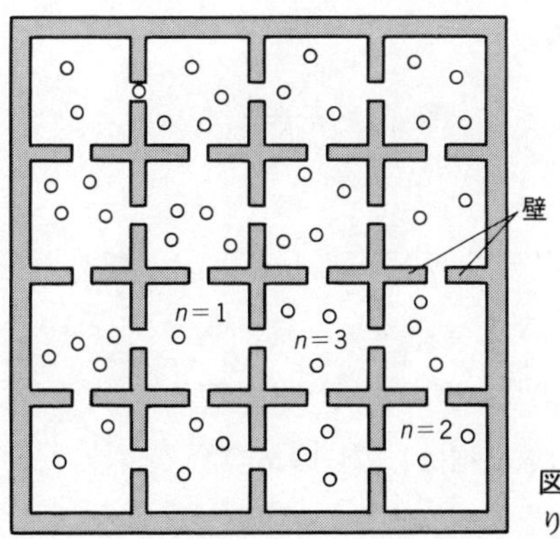

図 8-4 粒子をやりとりする体系の集まり．

視的状態を α で区別し(α は n にも依存する), 体系のとり得るエネルギーを $E(n,\alpha)$ と書こう.

わかりやすい例として理想気体を考え, 準位 ε_j にある粒子の数を n_j とすれば体系の粒子数は

$$n = \sum_j n_j \tag{8.18}$$

であり, $\alpha_j = n_j/n$ とおいて α_j の集まりを α とすればよい. このとき体系のエネルギーは

$$E(n,\alpha) = n\sum_j \varepsilon_j \alpha_j \qquad (\alpha_j = n_j/n) \tag{8.19}$$

となる.

一般に微視的状態 (n,α) にある体系の数を $N_{n,\alpha}$ とすれば, 粒子の総数は

$$\mathcal{N} = \sum_{n,\alpha} N_{n,\alpha} n \tag{8.20}$$

であり, 全エネルギーは

$$\mathcal{E} = \sum_{n,\alpha} N_{n,\alpha} E(n,\alpha) \tag{8.21}$$

となる. N 個の体系に粒子, エネルギーを分配する方法の数を W とすると, (6.9)式と同様にして

$$W = \frac{N!}{\prod_{n,\alpha} N_{n,\alpha}!} \cong \prod_{n,\alpha}\left(\frac{N}{N_{n,\alpha}}\right)^{N_{n,\alpha}} \tag{8.22}$$

ただし $N = \sum_{n,\alpha} N_{n,\alpha}$. したがって(6.17)の N_j を $N_{n,\alpha}$ でおきかえれば, 計算は全く同様におこなわれる.

$$w_{n,\alpha} = \frac{N_{n,\alpha}}{N} \tag{8.23}$$

とおくと

$$\log W = -N\sum w_{n,\alpha}\log w_{n,\alpha} = \text{最大} \tag{8.24}$$

$$\mathcal{N} = N\sum w_{n,\alpha} n = \text{一定} \tag{8.24$'$}$$

$$\mathcal{E} = N\sum w_{n,\alpha} E(n,\alpha) = \text{一定} \tag{8.24$''$}$$

これから(6.13)~(6.15)と同様にして(A は定数)

$$w_{n,\alpha} = A\exp\{\beta\mu n - \beta E(n,\alpha)\} \tag{8.25}$$

を得る．ここで μ と β はラグランジュの未定乗数であり，前と同様に $T=1/k\beta$ は絶対温度である．他方で，1つの体系に対し残りの $N-1$ 個の体系は粒子をやりとりする粒子溜めの役割りをし，μ はその性質を表わすもので，**化学ポテンシャル**とよばれる．

1つの体系に含まれる粒子の平均は

$$\bar{n} = \sum_{n,\alpha} n\exp\{\beta\mu n - \beta E(n,\alpha)\} \Big/ \sum_{n,\alpha}\exp\{\beta\mu n - \beta E(n,\alpha)\} \tag{8.26}$$

で与えられる．これは化学ポテンシャルを体系の粒子数 $\bar{n}$ の関数として与えるものとみることもできる．

(8.25)と(8.26)は体系の状態 (n,α)，あるいは n_j の組 $(n_1, n_2, \cdots)$ に対する分布を与えるもので，ギブス(p. 190 参照)によってはじめて考えられた．(8.25)は，**大きな正準分布**(大正準分布, grand canonical distribution)とよばれる．

理想気体の場合は(8.25), (8.11)により，大きな正準分布は

$$w(n_1, n_2, \cdots) = A\exp\{-\beta\sum_j(\varepsilon_j - \mu)n_j\} \tag{8.27}$$

となる．ここで n_j は独立に可能なすべての値をとり得るから，粒子の総数に対する制限はないわけで，(8.13)と比べれば，その代りにエネルギーの高さは化学ポテンシャル μ との差として現われている．粒子溜めのもつ化学ポテンシャルを基準として，粒子が粒子溜めから分配されるのである．図8-5はこの様子を示す．n_j の平均は

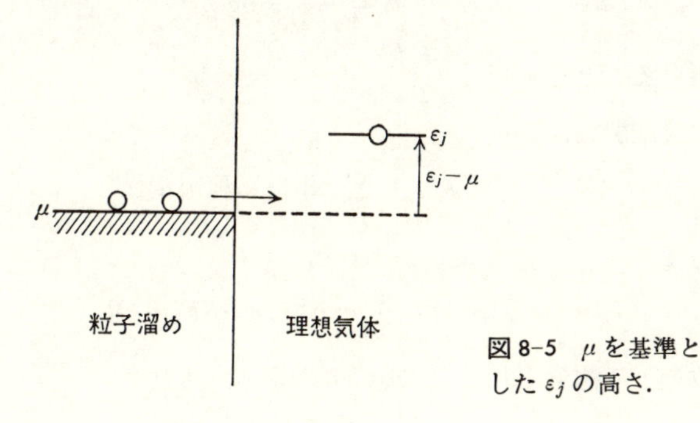

図8-5 μ を基準とした ε_j の高さ．

$$\overline{n_j}=\sum_{n_1,n_2,\cdots} n_j \exp\{-\beta\sum_k(\varepsilon_k-\mu)n_k\}\Big/\sum_{n_1,n_2,\cdots}\exp\{-\beta\sum_k(\varepsilon_k-\mu)n_k\} \tag{8.28}$$

で与えられる．この平均は(8.17)の平均とちがう形であるが，粒子数$\bar{n}$が十分大きければ，(8.17)と同じものとみて差し支えないことが示される(この証明は略す)．(8.28)でn_k $(k=1,2,\cdots)$は独立であるから，$k=j$以外の因子は分子と分母で打ち消し合い

$$\boxed{\overline{n_j}=\frac{\sum_{n_j} n_j\exp\{-\beta(\varepsilon_j-\mu)n_j\}}{\sum_{n_j}\exp\{-\beta(\varepsilon_j-\mu)n_j\}}} \tag{8.29}$$

となる．ここでn_jに関する和はn_jの可能な値すべてにわたって加えることを意味する．量子論によれば，素粒子や原子など，自然界に存在する粒子は，すべての整数$n_j=0,1,2,\cdots$が許されるものと，$n_j=0,1$だけが許されるものの2種類に大別される．これについては次節に述べることにしよう．

例題 1 $Z_n(\beta)$をn個の粒子を含む体系の分配関数とし，

$$\Xi(\beta,\mu)=\sum_{n=0}^{\infty}e^{\beta\mu n}Z_n(\beta) \tag{8.30}$$

とする．これを**大きな分配関数**(grand partition function)，あるいは**大きな状態和**という．体系の粒子数nの平均$\bar{n}$(8.26)，およびエネルギーの平均$\bar{E}$は

$$\begin{aligned}\bar{n}&=\frac{1}{\beta}\frac{\partial}{\partial\mu}\log\Xi\\ \bar{E}&=-\frac{\partial}{\partial\beta}\log\Xi\end{aligned} \tag{8.31}$$

で与えられることを示せ．

［解］ 分配関数は

$$Z_n(\beta)=\sum_\alpha\exp\{-\beta E(n,\alpha)\}$$

したがって

$$\Xi(\beta,\mu)=\sum_{n,\alpha}\exp\{\beta\mu n-\beta E(n,\alpha)\}$$

この対数をμで微分すれば(8.26)の$\bar{n}$を得る．また

$$-\frac{\partial}{\partial\beta}\log\Xi = \sum_{n,\alpha} E(n,\alpha)\exp\{\beta\mu n-\beta E(n,\alpha)\}\bigg/\sum_{n,\alpha}\exp\{\beta\mu n-\beta E(n,\alpha)\}$$

は大きな正準分布に対するエネルギーの平均値である. ❙

問　題

1. (8.29)を用い

$$\overline{n_j} = -\frac{1}{\beta}\frac{\partial}{\partial\varepsilon_j}\log\Xi(\beta,\mu) \tag{8.32}$$

であることを示せ.

2. 古典統計における理想気体の分配関数は(6.78)により

$$Z_n = \left(\frac{2\pi mkT}{h^2}\right)^{3n/2}\frac{V^n}{n!}$$

である. これに対する大きな分配関数を求め

$$\frac{PV}{kT} = \log\Xi \tag{8.33}$$

が成り立つことを示せ(関係式(8.33)は, 実は気体に限らず一般に成り立つ).

3. 気体のエネルギー E と圧力 P は

$$E = \sum_j n_j\varepsilon_j$$

$$P = -\sum_j n_j\frac{d\varepsilon_j}{dV}$$

で与えられる((7.59)参照). 量子気体でもベルヌーイの定理(4.9)

$$PV = \frac{2}{3}E$$

が成り立つことを示せ.

8-3 量子統計

1次元上の長さ L の範囲内で運動する自由粒子(質量 m)のエネルギーは $p^2/2m$ であるが, 運動量の大きさ p の量子化された値は $nh/2L$ $(n=1,2,\cdots)$ である. 1辺の長さ L の立方体の容器(体積 $V=L^3$)の中のエネルギー $\varepsilon=(p_x{}^2+p_y{}^2+p_z{}^2)/2m$ は3方向が量子化されて((7.58)参照)

ギブス

(Josiah Willard Gibbs, 1839–1903)

平衡状態の統計力学を美しい体系にまとめ上げ，集合(アンサンブル，ensemble)の概念を確立したのはアメリカのギブスである．神学者を父とし，ただ1人の男の子としてエール大学に学んだ．数学，ギリシア語，ラテン語で賞を得て，博士論文は「平歯車の歯の形について」であった．1871年にはエール大学に数理物理学のポストがはじめてでき，ギブスはこの教授に任命された．1873年から1877年にわたって発表された熱力学の研究では，すこし前にクラウジウスが確立した熱力学の第2法則を用いて熱力学的ポテンシャル，あるいはギブスの自由エネルギーとよばれる量$G=U-TS+PV$を考え出し，これを用いて多成分系の平衡条件(相律という)を確立した．相律は化学平衡や合金の組成などを支配する極めて重要な法則であるが，化学工業もなかった時代でもあり，彼の独創的ですばらしい理論もほとんど認められなかった．液体の表面における吸着と表面張力の変化の間の関係を明らかにしたギブスの吸着式も有名である．不均一系の熱力学はギブスによって取り上げられ，彼によってほとんどすっかり完成された．このような例は科学史上でまれなことである．

1884年に書いた『ベクトル解析』も有名である．

1902年に発表された著作『統計力学の基礎原理(*Elementary Principles of Statistical Mechanics*)』は非常に透徹した考察に立って余分なものをすべて切り捨てたような整った形式の本である．当時は物質の原子的構造が全くわかっていなかったので，ギブスは物質を構成する粒子についての仮説はできるだけ除去し，体系の集団のもつ統計的な性質について熱力学と同じ形の法則が成り立つことを示している．統計力学はその後に量子力学によって修正されたが，彼が考えた統計力学の基礎はそのままで残っている．

ギブスは一生結婚しないで，父の残した家に妹夫婦と住んでいた．それは研究室から道を渡ったところにあった．午前に1時間あまり6人ほどの研究生に講義をし，食事にもどり，午後はまた研究室ですごして5時頃に散歩をしながら帰宅するという静かな日を送った．彼は不均一系の熱力学を創作したが，家では妹の家事を助け，ことに不均一系であるサラダを混ぜる仕事が得意であったという．ボルツマンと対照的にギブスは静かな生涯をもったのである．

ギブスは注意深く講義の用意をしたが，それをよく理解できる学生はいなかった．そのためエール大学をやめさせられそうになったという話もある．大学で教えていた30年の間に彼から何かを学ぶことのできた研究生はほとんどいなかっただろうといわれている．彼は科学がまだ芽生えなかった時代のアメリカの学者であるが，マクスウェルなどと並ぶ世界の大学者であった．

$$\varepsilon = \varepsilon_j = \frac{h^2}{8mL^2}(n_x{}^2 + n_y{}^2 + n_z{}^2) \qquad (n_x, n_y, n_z = 1, 2, 3, \cdots) \tag{8.34}$$

で与えられる．ここでjは量子数の組(n_x, n_y, n_z)を表わす．ふつうの気体の容器ではLは十分大きいので，$n_x/L, n_y/L, n_z/L$はそれぞれ連続値をとるとみなしてよい．あるいは簡単にn_x, n_y, n_zが連続値をとるとみてもよい．n_x, n_y, n_zを座標とする空間を考えると，

$$n^2 = n_x{}^2 + n_y{}^2 + n_z{}^2 = \frac{8mL^2}{h^2}\varepsilon \tag{8.35}$$

であり，εと$\varepsilon + d\varepsilon$の間の準位の数は正の整数点の数に等しく(図8-6参照)

$$g(\varepsilon)d\varepsilon = \frac{1}{8}4\pi n^2 dn \tag{8.36}$$

で与えられる．これを書き直すと

$$g(\varepsilon)d\varepsilon = CV\sqrt{\varepsilon}\,d\varepsilon \tag{8.37}$$

ただし

$$C = 2\pi\frac{(2m)^{3/2}}{h^3} \tag{8.37$'$}$$

を得る．

さて，量子論によれば，1つの準位にある粒子の個数n_jに対して，その粒子

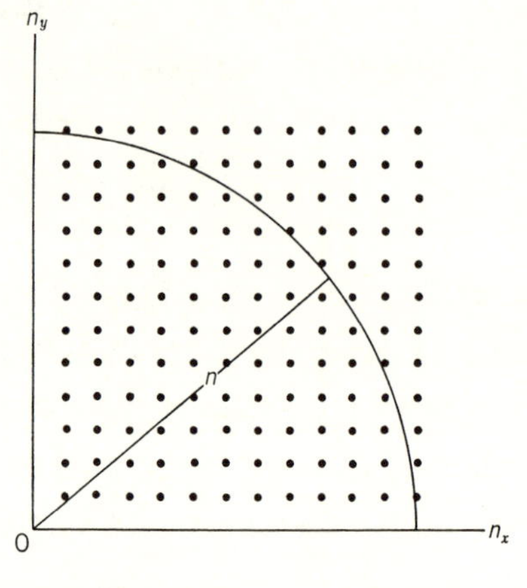

図 8-6　量子数 (n_x, n_y, n_z) の空間．

の種類によって 2 つの場合がある．

(i)　1 つの準位に何個でも粒子が入り得る場合，すなわち n_j は 0 から ∞ までが許される場合，この粒子を**ボーズ粒子** (Bose particle) という．またこの粒子は**ボーズ-アインシュタイン統計** (Bose-Einstein's statistics) にしたがうという．1 例をあげれば，ヘリウム原子 (^{4}He) はボーズ粒子である．後にわかるように，フォトン，フォノンも共にボーズ粒子である．

(ii)　1 つの準位に 1 個の粒子が入ると，それ以上入ることができない場合，これを**パウリの原理** (Pauli's principle, **パウリの排他律**あるいは**パウリの禁制**ともいう) といい，この粒子を**フェルミ粒子** (Fermi particle) といい，また**フェルミ-ディラック統計** (Fermi-Dirac's statistics) にしたがうという．この場合 n_j は 0 と 1 だけが許される．電子は 2 通りのスピン状態をもつが，各運動状態 n_x, n_y, n_z のほかにスピン変数 n_s $(=\pm 1)$ をあわせて準位を区別すれば，パウリの禁制にしたがう．すなわち電子はフェルミ粒子である．陽子，中性子もフェルミ粒子であり，奇数のフェルミ粒子からなる原子もフェルミ粒子である．たとえばヘリウムの軽い同位体原子 ^{3}He はフェルミ粒子である．

ボーズ-アインシュタイン統計にしたがう気体を**ボーズ気体**といい，フェルミ-ディラック統計にしたがう気体を**フェルミ気体**という．

ボーズ-アインシュタイン統計

各準位の粒子数は $n_j=0,1,2,\cdots,\infty$ が可能であるから，(8.29)から

$$\overline{n_j}=\frac{\sum_{n_j=0}^{\infty} n_j \exp\{-\beta(\varepsilon_j-\mu)n_j\}}{\sum_{n_j=0}^{\infty} \exp\{-\beta(\varepsilon_j-\mu)n_j\}} \tag{8.38}$$

これを計算すれば

$$\overline{n_j}=\frac{1}{e^{\beta(\varepsilon_j-\mu)}-1} \tag{8.39}$$

となる．粒子数＝一定 という制限がない場合は(8.24′)が省かれるので，$\mu=0$ とした式が成り立つ．このとき(8.39)はフォトンの式(8.16)と一致する．これからわかるように，フォトンは(フォノンも)ボーズ気体である．

全粒子数 n が変わらないときは，μ は

$$n=\sum_j n_j=\int_0^\infty \frac{g(\varepsilon)d\varepsilon}{e^{\beta(\varepsilon_j-\mu)}-1} \tag{8.40}$$

できまる．(8.37)を用いて書き直すと

$$n=2\pi\frac{(2m)^{3/2}}{h^3}V\int_0^\infty \frac{\sqrt{\varepsilon}\,d\varepsilon}{e^{\beta(\varepsilon-\mu)}-1} \tag{8.41}$$

となり，μ は粒子の数密度 n/V と温度 $T=1/k\beta$ の関数である．また，気体のエネルギーは $E=\sum_j n_j\varepsilon_j$ であるから

$$E=2\pi\frac{(2m)^{3/2}}{h^3}V\int_0^\infty \frac{\varepsilon^{3/2}d\varepsilon}{e^{\beta(\varepsilon-\mu)}-1} \tag{8.42}$$

となる．

もしも気体が十分希薄ならば，(8.41)の右辺の積分は小さくなるはずで，被積分の分母は大きいことになる．そのためには $-\mu$ が非常に大きく，また分母の -1 は省略してもよい．したがってこの場合(8.41)は

$$\begin{aligned} n &\cong 2\pi\frac{(2m)^{3/2}}{h^3}Ve^{\beta\mu}\int_0^\infty e^{-\beta\varepsilon}\sqrt{\varepsilon}\,d\varepsilon \\ &=\left(\frac{2\pi mkT}{h^2}\right)^{3/2}Ve^{\beta\mu} \end{aligned} \tag{8.43}$$

同様に

$$E \cong \left(\frac{2\pi mkT}{h^2}\right)^{3/2} \frac{3}{2} kTVe^{\beta\mu} \tag{8.44}$$

よって

$$E \cong \frac{3}{2} nkT \tag{8.45}$$

となり，古典的な値を得る．

この場合

$$e^{\beta\mu} = \frac{n}{V}\left(\frac{h^2}{2\pi mkT}\right)^{3/2} \tag{8.46}$$

であるから，古典的な気体であるための条件 $-\beta\mu \gg 1$ は

$$\frac{n}{V} \ll \left(\frac{2\pi mkT}{h^2}\right)^{3/2} \tag{8.47}$$

この条件はふつうの気体では十分満たされている．

ヘリウムでは m が小さく，$T \cong 2\,\mathrm{K}$ の液体ヘリウムの密度に対し n/V と $(2\pi mkT/h^2)^{3/2}$ とは同程度になる(問題1参照)．そのためボーズ-アインシュタイン統計の効果が現われてよいことになるが，この状態ではヘリウムは分子間力のために凝縮して液体になっている．しかし，液体ヘリウムが示す超流動などの性質はボーズ粒子としての性質の現われであることが明らかにされている．

フェルミ-ディラック統計

各準位の粒子数は $n_j = 0, 1$ が可能なので，(8.29)から

$$\overline{n_j} = \frac{\exp\{-\beta(\varepsilon_j - \mu)\}}{1 + \exp\{-\beta(\varepsilon_j - \mu)\}} \tag{8.48}$$

あるいは

$$\overline{n_j} = \frac{1}{e^{\beta(\varepsilon_j - \mu)} + 1} \tag{8.49}$$

フェルミ粒子からなる気体の温度を下げていくと，全エネルギーが低下するため，粒子は下方の準位に集まろうとする．しかしパウリの禁制のために1つの準位には1個の粒子しか入れないので，下方の準位は満員になる．すなわち，低温では下方の準位では $\overline{n_j} \cong 1$ になる．粒子の数密度が十分大きいとこの効果

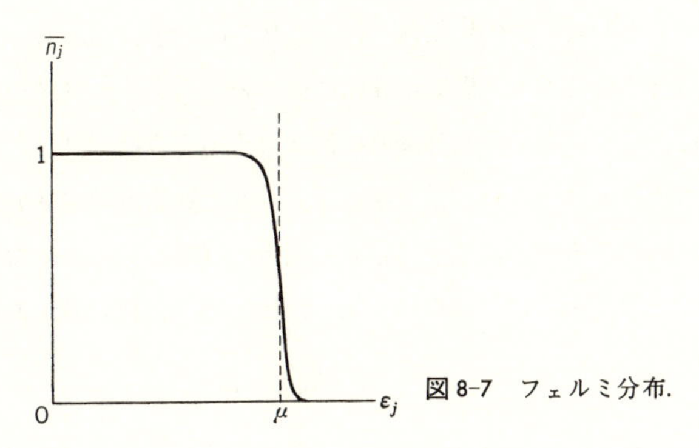

図 8-7　フェルミ分布.

は著しく，粒子の質量が小さければますます著しい．このようなときはμは正で非常に大きいために$\varepsilon_j<\mu$では$\overline{n_j}\cong 1$であり，$\varepsilon_j>\mu$では$\overline{n_j}\cong 0$になる(図 8-7)．このようなμを**フェルミ準位**ということがある．この状態では，温度を上げてもフェルミ準位付近の粒子だけがすこし上の準位に上がるだけなので，比熱は大変小さい．金属の自由電子がほとんど比熱をもたないのはこのためである．

ボルツマン統計

自然界の素粒子や原子は，フェルミ粒子かボーズ粒子かのいずれかである．これらの粒子のしたがう量子統計における粒子のエネルギー分布は，古典的なマクスウェル分布とは異なるものであることがわかった．マクスウェル分布は気体が十分希薄なときに成り立つ近似にすぎないのであるが，このときの統計を**古典統計**あるいは**ボルツマン統計**とよんでいる．これは量子統計の式を

$$\overline{n_j}=\frac{1}{e^{\beta(\varepsilon_j-\mu)}\mp 1}\cong Ae^{-\beta\varepsilon} \tag{8.50}$$

$(A=e^{\beta\mu})$と近似できる場合を意味している．これは$e^{\beta(\varepsilon_j-\mu)}\gg 1$の場合，したがって必然的に$\overline{n_j}\ll 1$の場合である．

気体の古典統計(6-5 節)では，n個の分子を区別できるものとして位相空間の中に分配する方法の数を計算し，そのうえで実は分子は区別できないとして，交換の方法の数$n!$で割った．位相空間は連続であるから，2 個以上の分子が同じ微視的状態をとる機会は無限に小さいので$n!$で割るのは正しい操作であ

った．しかし量子論的な気体の粒子の微視的状態は量子数 n_x, n_y, n_z で定まる不連続な準位である．温度が非常に低いとき，あるいは粒子の数密度が大きいときは，ボーズ粒子は同じ準位に何個も入るようになり，この場合には $n!$ で割る古典統計は正しい結果を与えない．また数密度の大きいフェルミ粒子ではパウリの禁制のために粒子は独立に微視的状態に入れないために粒子をたがいに独立とする古典統計はやはり正しい結果を与えないのである．

問　　題

1.　m をヘリウム原子の質量，$T=2\,\mathrm{K}$ として

$$\lambda = \frac{h}{\sqrt{2mkT}}$$

の値を計算せよ．これと液体ヘリウムの原子間距離(約 3×10^{-10} m)とを比べよ．量子力学によれば粒子は波動性(物質波，物理入門コース『量子力学 I』参照)を示す．上式の λ は温度 T に相当するエネルギーをもった原子の物質波の波長である．

2.　フェルミ気体のエネルギーは

$$E = 2\pi\frac{(2m)^{3/2}}{h^3}V\int_0^\infty \frac{\varepsilon^{3/2}d\varepsilon}{e^{\beta(\varepsilon-\mu)}+1}$$

で与えられることを示せ．

さらに勉強するために

熱力学は力学についで生まれた物理学の部門である．岩波新書の

朝永振一郎：『物理学とは何だろうか』(上・下)，岩波書店(1979)

の上巻には，熱力学が生まれ出てきた歴史的背景がくわしく述べられている．熱現象の研究からエネルギー保存の法則が発見され，さらに熱現象の特徴を理解するためにエントロピーの概念がクラウジウスによって導かれ，絶対温度の概念が W. トムソン(ケルビン卿)によって確立された過程は，物理的な考え方の典型的な例を示すものであり，コペルニクスからケプラーを経てニュートンに至って力学が建設された過程にも比べられるものである．この本にはこの事情が熱っぽく語られているのが感じられる．下巻では原子論が気体分子運動論を生み出し，さらに統計力学へと発達する途上で出会わなければならなかった種々の困難な道程が，ボルツマンの華々しい努力と苦悩を中心としてくわしく語られている．この過程においても，自然現象に対する人間の素朴な見方を越えて科学的な観点に到達するためには，いかに根本的な物の考え方の改変が必要であるか，それにはどれほどの努力がはらわれなければならないか，ということが理解されるであろう．このような思考のコペルニクス的転回はニュートン力学，熱力学がつくられ，また電磁気学，相対性理論，量子力学がつくられた時代に，それぞれ必要であったわけである．この入門コースでさらに他の本

へ進むときにもこのことを思い出してほしい．

ボルツマンについては

E. ブローダ(市井三郎，恒藤敏彦訳)：『ボルツマン』，みすず書房(1957)

がくわしい．この本には訳者追補として，ボルツマンの思想と研究に対するくわしい説明が加えられている．

ボルツマンに先立って気体分子運動論を高度の数理科学へ押し上げたのはマクスウェルの研究であった．ボルツマンはこの仕事に感激して一生を分子運動論にささげる決心をしたといわれている．そのマクスウェルの伝記としては

V. カルツェフ(早川光雄，金田一真澄訳)：『マクスウェルの生涯』，東京図書(1976)

がある．これはやや小説的だが楽しく読めるし，その頃のイギリスの学界の状況などがよくわかる．ただし気体分子運動論のことはあまりくわしく書かれていない．

絶対温度をはじめて理論づけたW. トムソン(ケルビン卿)を含めた伝記

D. K. C. マクドナルド(原島鮮訳)：『ファラデー，マクスウェル，ケルビン』(新装版現代の科学26)，河出書房新社(1979)

がある．著者はカナダの低温物理学者として有名だった．同じ著者による

D. K. C. マクドナルド(戸田盛和訳)：『極低温の世界』(新装版現代の科学3)，河出書房新社(1977)

は低温物理学の意義，歴史，方法，現象などを手ぎわよくまとめている．もう少しくわしく知りたい人には

中嶋貞雄：『量子の世界(新版)――極低温の物理』(UP選書137)，東京大学出版会(1975)

長岡洋介：『極低温の世界』(科学ライブラリー)，岩波書店(1982)

がある．本書では極低温のこと，ことに絶対零度に関するネルンスト(H. W. Nernst)の熱定理(熱力学の第3法則ともよばれている)に触れなかったが，これらの本はこの点をある程度補ってくれるだろう．

本書では溶液のように2つ以上の成分を含む体系(相平衡の問題)を扱わなか

った．これは多成分系を扱うとどうしても程度がやや高くなり，十分説明を加えると分量が増えすぎることがわかったからである．相平衡の熱力学は W.ギブスによって研究されたのが始めであった．

熱力学，統計力学などについてさらに勉強するために，参考書をいくつか挙げておこう．本書より少し程度の高い本として，良書

碓井恒丸：『熱学』，東京大学出版会(1969)

がある．また，ていねいに書かれた

原島鮮：『熱力学・統計力学(改訂版)』，培風館(1978)

を始め，数多くの邦書を挙げることができる．しかし，ここでは少し眼にふれにくい訳書を含めて，主として外国の本を紹介しておこう．

熱力学だけを述べた本であるが，簡潔でしかも含蓄のある本として，有名なフェルミが著した本

E. フェルミ(加藤正昭訳)：『熱力学』，三省堂(1973)

がある．昔，これを原著で読んだとき，すっきりした本だと思った．

テル・ハール，ヴェルゲランド(柏村昌平訳)：『基礎熱力学』，岩波書店(1979)

は不可逆現象，相対論の熱力学も含んでいる．

H. キャレン(山本常信，小田垣孝訳)：『熱力学』(上・下)(物理学叢書 42)，吉岡書店(1978)

は化学反応，磁性体への応用，ゆらぎの理論，不可逆現象の熱力学など広い応用を含んでいる．

現在では気体分子運動論を特に勉強することはないであろう．

伏見康治編著：『量子統計力学』，共立出版(第1版 1948，第2版 1967)

の第1版では，はじめの章で気体分子運動論の方法が相当くわしく説明してあったが，新版ではこの部分は簡略化されている．旧版にはややくわしく熱力学も説明されていた．

統計力学に関するものを少し挙げよう．

C. キッテル(斎藤信彦，広岡一訳)：『統計物理』，サイエンス社(1977)

は簡潔にいろいろのことが書いてある．

ランダウ，リフシッツ(小林秋男ほか訳)：『統計物理学(第3版)』(上・下)，岩波書店(1980)

は統計力学の基礎についても特徴がある本である．

D. テル・ハール(田中，池田，戸田ほか訳)：『熱統計学』(I, II)，みすず書房(1960, 1964)

は広く，くわしい解説書であり，文献はていねいである．

なお，簡潔に統計力学の方法を述べたものとして

久保亮五：『統計力学(改訂版)』(共立全書 11)，共立出版(1971)

を挙げることができる．問題集としては

久保亮五編：『大学演習熱学・統計力学』，裳華房(1961)

がある．

戸田盛和，久保亮五編：『統計物理学』(岩波講座現代物理学の基礎(第2版) 5)，岩波書店(1978)

は基本的な事柄から入って，前半では相変化の理論の最近の発達を，後半では非平衡状態の統計力学を解説している．英訳も出される．

本書の統計力学の部分は平衡状態の統計力学しか扱えなかったが，この分野における最近の発達は主に応用的なものであり，ことに臨界現象に関する発展が著しいが，これも本書には盛り切れなかった．

最後に著者が学生のとき以来，感銘を受けた本で上に挙げなかったものを列記しておこう．だいたいはじめて手にした順序に並べたが，順序に特別な意味はない．著者がこれらの本を読んで自問自答(これらの本には章末問題はない)したあとは，本書にも反映されているはずである．

R. H. Fowler : *Statistical Mechanics*, Cambridge Univ. Press (1936)

R. H. Fowler and E. A. Guggenheim : *Statistical Thermodynamics*, Cambridge Univ. Press (1939, 1965)

R. C. Tolman : *The Principle of Statistical Mechanics*, Oxford Univ. Press (1938)

J. E. Mayer and M. G. Mayer : *Statistical Mechanics*, John Wiley & Sons

(1940)

J. W. Gibbs : *Elementary Principles of Statistical Mechanics*, Yale Univ. Press (1902)

P. Jordan : *Statistische Mechanik auf Quantentheoretischer Grundlage*, Friedr. Vieweg und Sohn (1933)

L. ブリルアン(細田懋，真木昌夫訳)：『量子統計学』，白水社(1945)

E. Schrödinger : *Statistical Thermodynamics*, Cambridge Univ. Press (1948)

M. プランク(寺沢寛一，小谷正雄訳)：『理論熱学』，裳華房(1932)

これらは現在では手に入りにくいものが多いが，それぞれ特徴のある古典的な名著であるから，図書室などにおいてあればのぞいてみることをおすすめする．

問題略解

1-2 節

1. $P \propto T$.

2. 水銀の密度は $13.6\ \mathrm{g/cm^3} = 13.6 \times 10^{-3}\ \mathrm{kg}/(10^{-2}\ \mathrm{m})^3 = 13.6 \times 10^3\ \mathrm{kg/m^3}$. また 760 mm=0.76 m. したがって

$$\begin{aligned} 1\ \text{気圧} &= 13.6 \times 10^3 \times 9.8 \times 0.76\ \mathrm{N/m^2} \\ &= 1.01 \times 10^5\ \mathrm{N/m^2} \qquad (\text{表紙裏「おもな物理量の単位」参照}) \end{aligned}$$

1-5 節

1. 1 cal=4.186 J. したがって $1\ \mathrm{J} = \dfrac{1}{4.186}\ \mathrm{cal} = 0.24\ \mathrm{cal}$.

2-2 節

1. $PV=CT$ から $(\partial V/\partial T)_P = C/P$, また $V=CT/P$ から $(\partial V/\partial P)_T = -CT/P^2$.

$$\therefore \quad \frac{\partial}{\partial P}\left(\frac{\partial V}{\partial T}\right)_P = -\frac{C}{P^2} = \frac{\partial}{\partial T}\left(\frac{\partial V}{\partial P}\right)_T$$

2. 求める仕事は

$$W = -\int_V^{V/2} P dV = -\int_V^{V/2} \frac{CT}{V} dV = -CT \log V \Big|_V^{V/2} = CT \log 2$$

2-3 節

1. 体膨張率を α とする. 気体の状態式を $PV=CT$ とすれば $P(\partial V/\partial T)_P = C$. したがって

$$\alpha = \frac{1}{V}\left(\frac{\partial V}{\partial T}\right)_P = \frac{C}{VP} = \frac{1}{T}$$

2. $dQ=dU+PdV$, $dU=(\partial U/\partial T)_V dT+(\partial U/\partial V)_T dV$, および $(\partial U/\partial T)_V=C_V$ から

$$C_P-C_V = \left\{\left(\frac{\partial U}{\partial V}\right)_T+P\right\}\left(\frac{\partial V}{\partial T}\right)_P = \left\{\left(\frac{\partial U}{\partial V}\right)_T+P\right\}\alpha V$$

2-4 節

1. 理想気体に対して $(\partial U/\partial V)_T=0$. したがって 2-3 節問題 **2** により

$$C_P-C_V = \frac{PV}{T} = \frac{1.01\times10^5\times22.4\times10^{-3}}{273}\,\mathrm{J} = 0.083\times10^2\,\mathrm{J}$$

これが 2 cal に等しいから 2 cal=8.3 J. したがって(熱の仕事当量)=4.2 J/cal.

2. $PV=RT$ により, $V=$一定 のときは $(\partial P/\partial T)_V V=R$.

2-5 節

1. $PV^\gamma=$一定, $PV=RT$ から V を消去して

$$P\left(\frac{RT}{P}\right)^\gamma = \text{一定}, \quad \therefore \quad P^{(1-\gamma)}T^\gamma = \text{一定} \quad \text{あるいは} \quad \frac{T}{P^{(\gamma-1)/\gamma}} = \text{一定}$$

3-5 節

1. $PV=RT$ を用いて

$$\begin{aligned} S &= C_V \log T+R\log V+\text{定数} = C_V\log T+R\log\frac{RT}{P}+\text{定数} \\ &= (C_V+R)\log T-R\log P+\text{定数} \end{aligned}$$

ここで $C_P=C_V+R$ を用いればよい.

2. $S=C_V\log T+R\log V$ により明らか.

3. カルノー・サイクルは等温膨張, 断熱膨張, 等温圧縮, 断熱圧縮の 4 過程からなる. 等温変化では温度が一定. また断熱変化ではエントロピーが一定.

3-6 節

1. 状態 1 (P_1, V_1, T) と状態 2 (P_2, V_2, T') とは断熱変化で結ばれるから, γ を一定とすると

$$TV_1{}^{\gamma-1} = T'V_2{}^{\gamma-1}$$

$$\therefore \quad T' = T\left(\frac{V_1}{V_2}\right)^{\gamma-1} = T\left(\frac{V_1}{V_2}\right)^{R/C_V}$$

ここで $\gamma-1=(C_P-C_V)/C_V=R/C_V$ を用いた.

2. エントロピーの変化は

$$\Delta S = \int_{T'}^{T}\frac{dQ}{T} = \int_{T'}^{T}\frac{C_V}{T}dT = C_V\log\frac{T}{T'} = C_V\log\left(\frac{V_2}{V_1}\right)^{R/C_V} = R\log\frac{V_2}{V_1}$$

3-7 節

1.
$$dH = dU+PdV+VdP$$
$$= (TdS-PdV)+PdV+VdP = TdS+VdP$$

ここで P=一定，すなわち $dP=0$ とすれば $dH=TdS$ (P=一定)．よって $(\partial H/\partial S)_P=T$．また S=一定，すなわち $dS=0$ とすれば $dH=VdP$ (S=一定)．よって $(\partial H/\partial P)_S=V$．

2. $\left(\dfrac{\partial}{\partial P}\left(\dfrac{\partial H}{\partial S}\right)_P\right)_S=\left(\dfrac{\partial}{\partial S}\left(\dfrac{\partial H}{\partial P}\right)_S\right)_P$ から $\left(\dfrac{\partial T}{\partial P}\right)_S=\left(\dfrac{\partial V}{\partial S}\right)_P$．

3.
$$dF = dU-d(TS)$$
$$= (TdS-PdV)-(TdS+SdT) = -SdT-PdV.$$

4-1 節

1. (4.6)において光子では $v=c$ であるから

$$P = \frac{1}{3V}\sum_i cp_i = \frac{1}{3V}\sum\varepsilon_i = \frac{U}{3V}$$

2. (4.6)を2種類の分子に分けて書けば

$$PV = \frac{1}{3}\sum v_i p_i = \frac{1}{3}\left(\sum_{i=1}^{N_1} v_{1i}p_{1i}+\sum_{j=1}^{N_2} v_{2j}p_{2j}\right) = \frac{1}{3}\sum_{i=1}^{N_1} m_1 v_{1i}{}^2+\frac{1}{3}\sum_{j=1}^{N_2} m_2 v_{2j}{}^2$$

4-2 節

1. 酸素 O_2 の分子量は32．したがって1モル，あるいは N_A(アボガドロ数)だけの酸素分子の質量は32 g なので，1分子の質量は

$$m = \frac{32\,\mathrm{g}}{N_A} \cong \frac{32\,\mathrm{g}}{6\times 10^{23}} = 5\times 10^{-23}\,\mathrm{g}$$

2. 標準状態で1モルの気体(N_A 個の分子)は $22.414\,l=22414\,\mathrm{cm}^3$ を占めるから，1 cm^3 中の分子数は

$$\frac{N_A}{22414\,\mathrm{cm}^3} = \frac{6\times 10^{23}}{22414\,\mathrm{cm}^3} \cong 3\times 10^{19}/\mathrm{cm}^3$$

3. $PV=NkT$, $n=N/V$. $\therefore$ $P=nkT$.

4-3 節

1. 自由度を f とすると(4.44)により $f=2/(\gamma-1)$．$\gamma=1.67=5/3$ であれば $f=3$．これは直進の自由度であるので，分子は質点とみなせる1原子分子．$\gamma=1.40=7/5$ であれば $f=5=3+2$．これは重心の直進の自由度3のほかに分子回転のための自由度2があると解釈できる．回転の自由度が2なのは分子軸の方向が極座標 θ,φ できめられる2原

子分子のときである．

2. $C_V=(f/2)R$，また(4.43)により$\gamma=1+2/f$．よって$\gamma-1=R/C_V$．

4-4 節

1. ファン・デル・ワールスの定数a, bは臨界定数V_c, P_c, T_cと次式で結びつけられる(本文参照)：

$$V_c = 3b, \quad P_c = \frac{a}{27b^2}, \quad RT_c = \frac{8}{3}P_cV_c$$

あるいは$a=3P_cV_c^2$，$b=V_c/3$．したがってファン・デル・ワールスの状態式は

$$\left(P+\frac{3P_cV_c^2}{V^2}\right)\left(V-\frac{V_c}{3}\right) = RT$$

と書ける．P_cV_cで割り$RT/P_cV_c=(8/3)T/T_c$を用いれば

$$\left\{\frac{P}{P_c}+3\left(\frac{V_c}{V}\right)^2\right\}\left(\frac{V}{V_c}-\frac{1}{3}\right) = \frac{8}{3}\frac{T}{T_c}$$

2. ファン・デル・ワールスの状態方程式を書き直すと

$$(PV^2+a)(V-b)-RTV^2 = 0$$

これはVについて3次式である．Pを与えると，一般に3つの根をもつが，3次式の係数はすべて実数であるから，複素数の根があれば，その複素共役も根である．したがって3つの根は，(i) 3つの実根か，(ii) 1つの実根と2つの(たがいに共役な)複素根である．ただし重根は2根と数える．$T>T_c$ならばPの値によらず実根は1つであるが，$T\leqq T_c$ならばPの値によって実根は1つか3つである．これはP-V曲線を水平線(P=一定)で切ってみればわかることである．

5-1 節

1. 分子を1,2,3,4とし，2部屋の間の壁を縦棒で示せば，16通りの分配は

(| 1 2 3 4)，(1 | 2 3 4)，(2 | 1 3 4)，(3 | 1 2 4)，(4 | 1 2 3)，
(1 2 | 3 4)，(1 3 | 2 4)，(1 4 | 2 3)，(2 3 | 1 4)，(2 4 | 1 3)，
(3 4 | 1 2)，(1 2 3 | 4)，(1 2 4 | 3)，(1 3 4 | 2)，(2 3 4 | 1)，
(1 2 3 4 |)

2. 3個の分子を2部屋に入れる分配の総数は

$$\sum_{N_1=0}^{3}\frac{3!}{N_1!\,(3-N_1)!} = (1+1)^3 = 8$$

8通りの分配は

(| 1 2 3)，(1 | 2 3)，(2 | 1 3)，(3 | 1 2)，(1 2 | 3)，

(1 3 | 2)，(2 3 | 1)，(1 2 3 |)

5-3 節

1. 略.

2. 略.

5-5 節

1. $1 = A\left(\int_{-\infty}^{\infty}\exp\left(-\frac{m}{2kT}v^2\right)dv\right)^3 = A\left(\frac{2\pi kT}{m}\right)^{3/2}$

5-6 節

1. (5.95)において $m=M/N_{\mathrm{A}}$，$k=R/N_{\mathrm{A}}$ とすればよい.

2. 分子量29は1モルのg数なのでMKS単位系では $M=29\times10^{-3}$ であり

$$\frac{Mg}{RT} = \frac{29\times10^{-3}\times9.8}{8.314\times270} = 1.26\times10^{-4}$$

3. エベレストの高さは $z=8848$ m. また $\frac{1}{3}\cong\exp(-1.1)$.

したがって

$$1.1 = \frac{mgz}{kT} = \frac{4.8\times10^{-26}\times9.8\times8848}{k\times270}$$

これから

$$k = 1.4\times10^{-23}\ \mathrm{J/K}$$

$$N_{\mathrm{A}} = \frac{R}{k} = \frac{8.314}{1.4\times10^{-23}} = 6.0\times10^{23}$$

6-1 節

1. $[E] = \left[\frac{1}{2}mv^2\right] = [M(L/T)^2] = [ML^2T^{-2}]$,

$[h] = [xp] = [LML/T] = [ML^2T^{-1}] = [ET]$.

6-4 節

1. (i) $E = \frac{p^2}{2m}$,　$\overline{p\frac{\partial E}{\partial p}} = \frac{\overline{p^2}}{m} = 2\bar{E} = kT$.　$\therefore\ \bar{E} = \frac{1}{2}kT$.

(ii) $E = \frac{p^2}{2m}+\frac{m}{2}\omega^2x^2$,　$\overline{p\frac{\partial E}{\partial p}} = \frac{\overline{p^2}}{m} = kT$,　$\overline{x\frac{\partial E}{\partial x}} = m\omega^2\overline{x^2} = kT$.

$\therefore\ \bar{E} = kT/2+kT/2 = kT$.

2. (6.42)により，たとえば $j=1$ に対し

$$\overline{p_1\frac{\partial E}{\partial p_1}} = \frac{\int p_1\frac{\partial K}{\partial p_1}e^{-\beta K(\boldsymbol{p})}d\boldsymbol{p}}{\int e^{-\beta K(\boldsymbol{p})}d\boldsymbol{p}}$$

ここで $d\boldsymbol{p}=dp_1dp_2\cdots dp_n$. また p_1 に対する積分は部分積分で

$$\int_{-\infty}^{\infty} p_1 \frac{\partial K}{\partial p_1} e^{-\beta K(\boldsymbol{p})} dp_1 = -\frac{1}{\beta} p_1 e^{-\beta K(\boldsymbol{p})}\Big|_{p_1=-\infty}^{\infty} + \frac{1}{\beta}\int_{-\infty}^{\infty} e^{-\beta K(\boldsymbol{p})} dp_1$$

$$= \frac{1}{\beta}\int_{-\infty}^{\infty} e^{-\beta K(\boldsymbol{p})} dp_1$$

ここで $K(\boldsymbol{p})$ は $p_1=\pm\infty$ で $+\infty$ になることを用いた. よって

$$\overline{p_1 \frac{\partial E}{\partial p_1}} = \frac{1}{\beta} = kT$$

他の j についても同じ. さらに(6.62)についても同様.

3.　$dp/dt=-ma\omega^2 \sin \omega t=-m\omega^2 q$. これは変位 q に比例する復元力 $f=-m\omega^2 q$ を受けた質点の運動方程式である. したがってこれは調和振動子である.

$$\text{位置エネルギーの平均} = \frac{1}{2} m\omega^2 \overline{q^2} = \frac{1}{2} m\omega^2 a^2\, \overline{\sin^2 \omega t}$$

$$\text{運動エネルギーの平均} = \frac{1}{2m} \overline{p^2} = \frac{m}{2} a^2\omega^2\, \overline{\cos^2 \omega t}$$

ここで $\overline{\quad}$ は時間平均であり, 1 周期 $t=0$ から $\omega t=2\pi$ すなわち $t=2\pi/\omega$ までである. よって

$$\overline{\sin^2 \omega t} = \frac{\displaystyle\int_0^{2\pi/\omega} \sin^2 \omega t dt}{\displaystyle\int_0^{2\pi/\omega} dt} = \frac{1}{2\pi}\int_0^{2\pi} \sin^2 x dx$$

$$= \frac{1}{2\pi}\int_0^{2\pi} \frac{1-\cos 2x}{2} dx = \frac{1}{4\pi}\int_0^{2\pi} dx = \frac{1}{2}$$

同様に $\overline{\cos^2 \omega t}=1/2$. したがって調和振動子の位置エネルギーと運動エネルギーとは時間平均において等しい.

6-5 節

1.　$$U = -\frac{\partial}{\partial \beta}\log\left[\left(\frac{2\pi m}{h^2\beta}\right)^{3n/2}\int e^{-\beta\Phi} d\boldsymbol{q}\right] = \frac{3n}{2}\frac{\partial}{\partial\beta}\log\beta - \frac{\partial}{\partial\beta}\log\int e^{-\beta\Phi}d\boldsymbol{q}$$

$$= \frac{3n}{2\beta} + \frac{\displaystyle\int \Phi e^{-\beta\Phi} d\boldsymbol{q}}{\displaystyle\int e^{-\beta\Phi} d\boldsymbol{q}}.$$

2.　理想気体では

$$Z_\Phi = \frac{1}{n!}\iint\cdots\int dx_1dy_1\cdots dz_n = \frac{V^n}{n!} \cong \frac{V^n}{n^n e^{-n}} = \left(\frac{V}{n}e\right)^n$$

$$Z = \left(\frac{2\pi m}{h^2\beta}\right)^{3n/2} Z_\Phi = \left(\frac{2\pi m}{h^2\beta}\right)^{3n/2}\left(\frac{V}{n}e\right)^n$$

$$\log Z = n\left\{\frac{3}{2}\log\frac{2\pi m}{h^2\beta} + \log\left(\frac{V}{n}e\right)\right\}$$

6-7 節

1. (6.72)を用いて

$$S = \frac{\partial}{\partial T}\left\{kT\log\left(\prod_{j=1}^{n}\frac{kT}{h\nu_j}\right)\right\} = \frac{\partial}{\partial T}\left(kT\sum_{j=1}^{n}\log\frac{kT}{h\nu_j}\right) = k\sum_{j=1}^{n}\log\frac{kT}{h\nu_j} + nk$$

$$C_V = T\left(\frac{\partial S}{\partial T}\right)_V = nk$$

7-1 節

1. 調和振動子では 6-4 節問題 3 により

$$q = a\sin\omega t \tag{1}$$

$$p = ma\omega\cos\omega t \tag{2}$$

この振動子のエネルギーは 6-4 節問題 1 により

$$E = \frac{p^2}{2m} + \frac{m\omega^2}{2}q^2 \tag{3}$$

これに上式を入れれば

$$E = \frac{m\omega^2 a^2}{2} \tag{4}$$

他方で(2)から

$$dq = a\omega\cos\omega t\cdot dt$$

なので 1 周期 ($t=0\sim 2\pi/\omega$) についての積分は

$$\oint pdq = ma^2\omega^2\int_0^{2\pi/\omega}\cos^2\omega t\cdot dt$$

$$= ma^2\omega\int_0^{2\pi}\cos^2 x dx = ma^2\omega\int_0^{2\pi}\frac{1+\cos 2x}{2}dx = ma^2\omega\pi = 2\pi E/\omega$$

最後の式は(4)を用いて書き直した. この積分が $(n+1/2)h$ に等しいとおけば $2\pi E/\omega = (n+1/2)h$,

$$\therefore\quad E = \left(n+\frac{1}{2}\right)\hbar\omega = \left(n+\frac{1}{2}\right)h\nu$$

ここで $\hbar = h/2\pi$, $\nu = \omega/2\pi$.

2. 自由粒子の運動量を p とすると

$$E = \frac{p^2}{2m}, \qquad \therefore \quad p = \sqrt{2mE}$$

$q=0$ と l の間を往復する運動に対して

$$A = \oint pdq = 2l\sqrt{2mE}$$

ここで $A=nh$ とすると

$$2l\sqrt{2mE} = nh, \qquad \therefore \quad E = \frac{n^2h^2}{8ml^2}$$

7-3 節

1. デバイの比熱式は(7.47)により

$$C_V = 9Nk\left(\frac{T}{\Theta_D}\right)^3 \int_0^{\Theta_D/T} \frac{e^x x^4 dx}{(e^x-1)^2}$$

ここで $T \gg \Theta_D$ とすれば $0<x \leqq \Theta_D/T \ll 1$ なので，x について展開して $e^x=1+x+x^2/2+\cdots$. ゆえに

$$e^x \cong 1, \qquad e^x-1 \cong x$$

したがって $T \gg \Theta_D$ のときは

$$C_V \cong 9Nk\left(\frac{T}{\Theta}\right)^3 \int_0^{\Theta_D/T} x^2 dx = 9Nk\left(\frac{T}{\Theta_D}\right)^3 \frac{1}{3}\left(\frac{\Theta_D}{T}\right)^3 = 3Nk$$

2. $T \ll \Theta_D$ のときは

$$C_V \cong 9Nk\left(\frac{T}{\Theta_D}\right)^3 \int_0^{\infty} \frac{e^x x^4 dx}{(e^x-1)^2} = 9Nk\left(\frac{T}{\Theta_D}\right)^3 \frac{4\pi^4}{15} = \frac{12}{5}\pi^4 Nk\left(\frac{T}{\Theta_D}\right)^3$$

7-4 節

1. (7.20)により $f_j=e^{-\beta E_j}/Z$, $Z=\sum_j e^{-\beta E_j}$. よって

$$\sum_j f_j E_j = \overline{E_j} = U, \qquad \sum_j f_j = 1$$

また

$$\log f_j = -(\beta E_j + \log Z)$$

ゆえに(7.66)を書き直すと $k\beta=1/T$ により

$$S = k\beta\sum_j f_j E_j + k\sum_j f_j \cdot \log Z = k\sum_j f_j(\beta E_j + \log Z) = -k\sum_j f_j \log f_j$$

8-2 節

1. $\log \Xi = \sum_j \log(1 \pm e^{\alpha+\beta\varepsilon_j})^{\pm 1}, \qquad \therefore \quad -\frac{1}{\beta}\frac{\partial}{\partial \varepsilon_j}\log \Xi = \frac{1}{e^{\alpha+\beta\varepsilon_j} \pm 1} = \overline{n_j}.$

2. 公式 $\sum_{n=0}^{\infty} a^n/n! = e^a$ により

$$\Xi = \sum_{n=0}^{\infty} e^{\mu n} Z_n = \sum_{n=0}^{\infty} \frac{1}{n!} \left\{ \left(\frac{2\pi mkT}{h^2} \right)^{3/2} V e^{\mu} \right\}^n = \exp\left\{ \left(\frac{2\pi mkT}{h^2} \right)^{3/2} V e^{\mu} \right\}$$

$$\therefore \quad \log \Xi = \left(\frac{2\pi mkT}{h^2} \right)^{3/2} V e^{\mu}$$

ここで粒子数は

$$N = \frac{1}{\Xi} \sum_{n=0}^{\infty} n e^{\mu n} Z_n = \frac{\partial}{\partial \mu} \log \Xi = \frac{\partial}{\partial \mu} \left\{ \left(\frac{2\pi mkT}{h^2} \right)^{3/2} V e^{\mu} \right\} = \left(\frac{2\pi mkT}{h^2} \right)^{3/2} V e^{\mu}$$
$$= \log \Xi$$

しかるに古典的な理想気体では $PV=NkT$ または $N=PV/kT$. $\therefore$ $PV/kT=\log \Xi$.

3. 理想気体の分子のエネルギー準位は

$$\varepsilon_j = \frac{h^2}{8mV^{2/3}}(n_1{}^2+n_2{}^2+n_3{}^2)$$

ここで j は量子数の組 (n_1, n_2, n_3) を表わす．よって

$$-\frac{d\varepsilon_j}{dV} = \frac{2}{3}\frac{h^2}{8mV^{5/3}}(n_1{}^2+n_2{}^2+n_3{}^2) = \frac{2}{3V}\varepsilon_j$$

ゆえに

$$P = -\sum n_j \frac{d\varepsilon_j}{dV} = \frac{2}{3V}\sum_j n_j \varepsilon_j = \frac{2}{3V}E$$

8-3 節

1. ヘリウムの原子量は 4 なので，ヘリウム原子の質量は

$$m = \frac{4}{N_{\mathrm{A}}}\,\mathrm{g} = \frac{4}{6\times 10^{23}}\,\mathrm{g} = 6.7\times 10^{-24}\,\mathrm{g}$$

よって $T=2\,\mathrm{K}$ において

$$\lambda = \frac{6.6\times 10^{-27}}{\sqrt{2\times 6.7\times 10^{-24}\times 1.38\times 10^{-16}\times 2}}\,\mathrm{cm} = 10.8\times 10^{-8}\,\mathrm{cm}$$

これは原子間距離(約 3×10^{-8} cm)の約 3.5 倍にあたる．ヘリウム原子の物質波の波長 λ が原子間距離よりも相当大きいことは液体ヘリウムにおいて量子効果が大きいことを示している．

2. 理想気体の各粒子に対して

$$g_j = V\frac{dp_x dp_y dp_z}{h^3}$$

ここで粒子のエネルギーは $\varepsilon=p^2/2m$. したがって ε と $\varepsilon+d\varepsilon$ の間の微視的状態の数は

$$V\frac{4\pi p^2 dp}{h^3} = V\frac{4\pi}{h^3}2m\varepsilon\cdot\frac{1}{2}\sqrt{\frac{2m}{\varepsilon}}\,d\varepsilon = 2\pi\frac{(2m)^{3/2}}{h^3}V\sqrt{\varepsilon}\,d\varepsilon$$

よって

$$E=\sum_j g_j \frac{\varepsilon_j}{e^{\beta(\varepsilon-\mu)}+1}=2\pi\frac{(2m)^{3/2}}{h^3}V\int_0^\infty \frac{\varepsilon^{3/2}d\varepsilon}{e^{\beta(\varepsilon-\mu)}+1}$$

索引

カ 行

ナ 行

マ 行

ラ 行

ワ 行

戸田盛和

1917-2010年．東京生まれ．1940年東京大学理学部物理学科卒業．東京教育大学教授，千葉大学教授，横浜国立大学教授，放送大学教授などを歴任．理学博士．専攻は理論物理学．

著書に『非線形格子力学』(岩波書店)，『ベクトル解析』(岩波書店)，『現代物理学の基礎 統計物理学』(共著，岩波書店)，『液体の構造と性質』(共著，岩波書店)，『振動論』(培風館)，『おもちゃセミナー(正・続)』(日本評論社)，*Theory of Nonlinear Lattices* (Springer-Verlag)，*Statistical Physics I* (共編著，Springer-Verlag)など．

物理入門コース 新装版

熱・統計力学

1983年11月7日　初版第1刷発行
2017年2月22日　初版第41刷発行
2017年12月5日　新装版第1刷発行
2023年9月5日　新装版第6刷発行

著 者　戸田盛和(とだもりかず)

発行者　坂本政謙

発行所　株式会社 岩波書店
〒101-8002 東京都千代田区一ツ橋2-5-5
電話案内 03-5210-4000
https://www.iwanami.co.jp/

印刷・理想社　表紙・半七印刷　製本・牧製本

ISBN 978-4-00-029867-4　　Printed in Japan